リピート＆チャージ物理基礎ドリル

波／電気

本書の特徴と使い方

本書は，物理基礎の基本となる内容をつまずくことなく学習できるようにまとめた書き込み式のドリル教材です。

▶1項目につき1見開きでまとまっており，計画的に学習を進めることができます。

▶『例題』→『穴埋め問題』→『類題』で構成しており，各項目について段階的にくり返し学習し，内容の定着をはかります。

▶すべてのページの下端には，学習内容の理解を助けるためのアドバイスをのせております。

☑ 物理量の文字式と単位の確認
考え方のポイント
計算や作図をする際の注意点

目次

1 波の性質

例題 1 波を表す量

図のように，x 軸上を正の向きに速さ 1.0 m/s で進む正弦波について，次の値を求めよ。

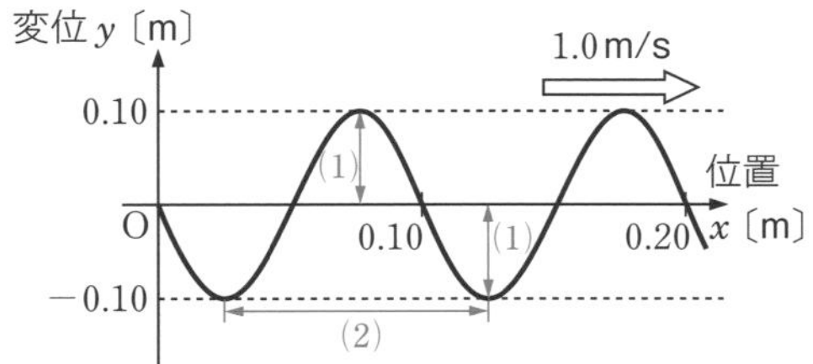

(1) 振幅 A　(2) 波長 λ
(3) 周期 T　(4) 振動数 f

解法 (1) 振幅は媒質の変位の最大値で，山の高さまたは谷の深さなので，$A=0.10\ \text{m}$

答 0.10 m

(2) 波長は隣りあう山と山または谷と谷の間の距離なので，$\lambda=0.10\ \text{m}$　**答 0.10 m**

(3) 波は周期 T で波長 λ だけ進む。したがって，波の伝わる速さ v は，$v=\dfrac{\lambda}{T}$ となる。変形して，

$$T=\frac{\lambda}{v}=\frac{0.10\ \text{m}}{1.0\ \text{m/s}}=0.10\ \text{s}$$ **答 0.10 s**

(4) $f=\dfrac{1}{T}=\dfrac{1}{0.10\ \text{s}}=10\ \text{Hz}$

答 10 Hz

別解　$v=f\lambda$ より，$f=\dfrac{v}{\lambda}=\dfrac{1.0\ \text{m/s}}{0.10\ \text{m}}=10\ \text{Hz}$

1 図のように，x 軸上を正の向きに速さ 2.0 m/s で進む正弦波について，次の値を求めよ。なお，(　)内には数値を，〔　〕内には単位を入れよ。

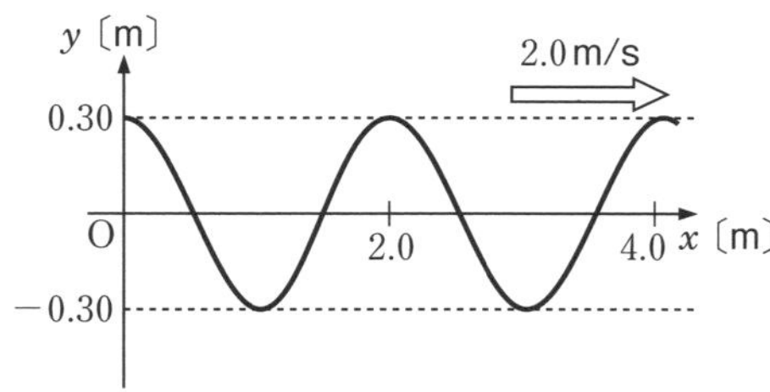

(1) 振幅 A

振幅は媒質の変位の最大値で，山の高さまたは谷の深さであることより，

$A=$(ア　　)〔イ　　〕

(2) 波長 λ

波長は隣りあう山と山の間の距離を読み取って，

$\lambda=$(ウ　　)〔エ　　〕

(3) 周期 T

$v=\dfrac{\lambda}{T}$，$v=2.0\ \text{m/s}$ より，

$T=\dfrac{\lambda}{v}=\dfrac{(\text{オ}\quad)〔\text{カ}\quad〕}{(\text{キ}\quad)〔\text{ク}\quad〕}=1.0\ \text{s}$

(4) 振動数 f

$f=\dfrac{1}{T}=\dfrac{1}{(\text{ケ}\quad)〔\text{コ}\quad〕}=1.0\ \text{Hz}$

2 図のように，x 軸上を正の向きに速さ 5.0 m/s で進む正弦波について，次の値を求めよ。

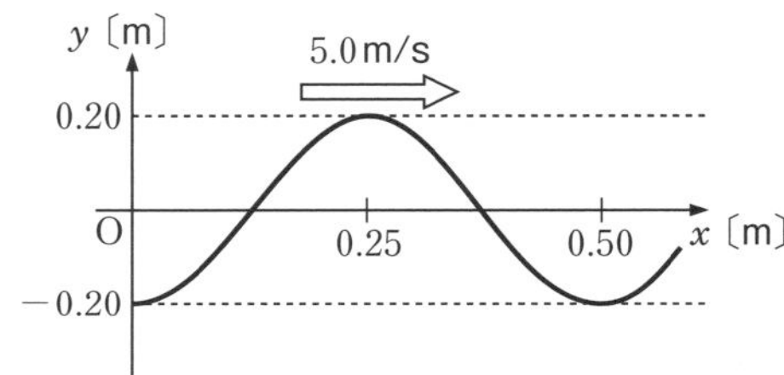

(1) 振幅 A

____

(2) 波長 λ

____

(3) 周期 T

____

(4) 振動数 f

____

☑ A〔m〕：振幅　λ〔m〕：波長　T〔s〕：周期　f〔Hz〕：振動数　v〔m/s〕：波の伝わる速さ

例題 2 波の速さ

図のように，x 軸上を正の向きに進む波が連続的に生じている。波の伝わる速さは 1.0 m/s である。図の時刻を 0 s とする。次の問いに答えよ。

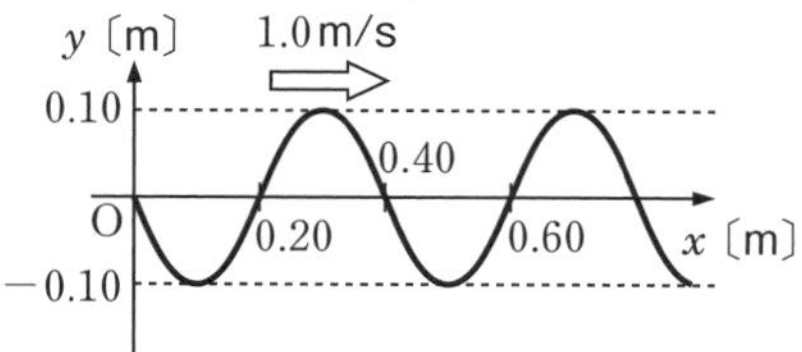

(1) 0.20 s 後の波のようすをかけ。
(2) 0.40 s 後の波のようすをかけ。

解法 (1) 波の伝わる速さが 1.0 m/s であることより，波は 1.0 m/s×0.20 s＝0.20 m 進む。したがって，図の波を進行方向に 0.20 m 平行移動すればよい。

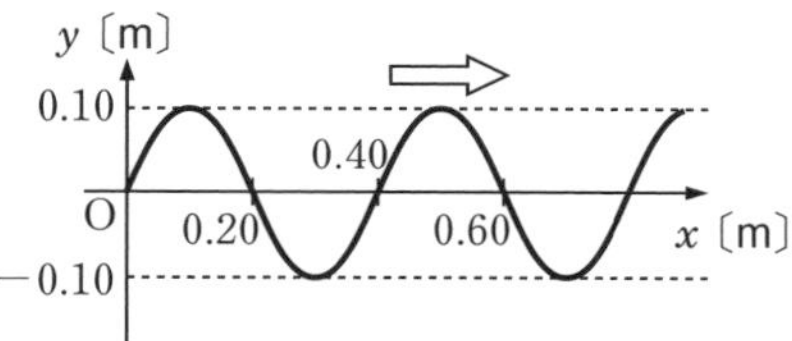

(2) 波の伝わる速さが 1.0 m/s であることより，波は 1.0 m/s×0.40 s＝0.40 m 進む。したがって，図の波を進行方向に 0.40 m 平行移動すればよい。時刻 0 s のときと同じ波形となる。

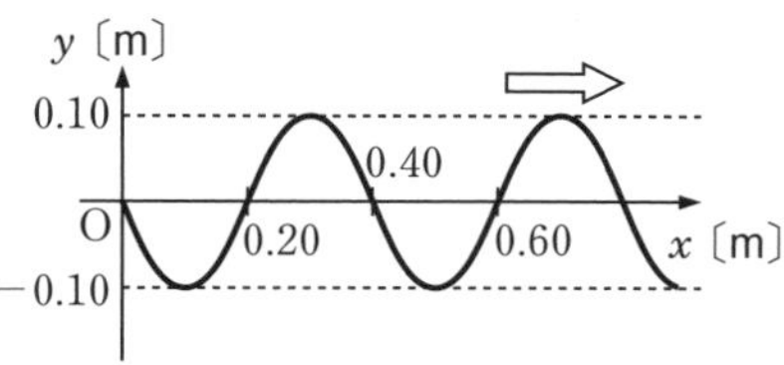

3 図のように，x 軸上を正の向きに進む波が連続的に生じている。波の伝わる速さは 0.40 m/s である。図の時刻を 0 s とする。次の問いに答えよ。なお，(　　)内には数値を入れよ。

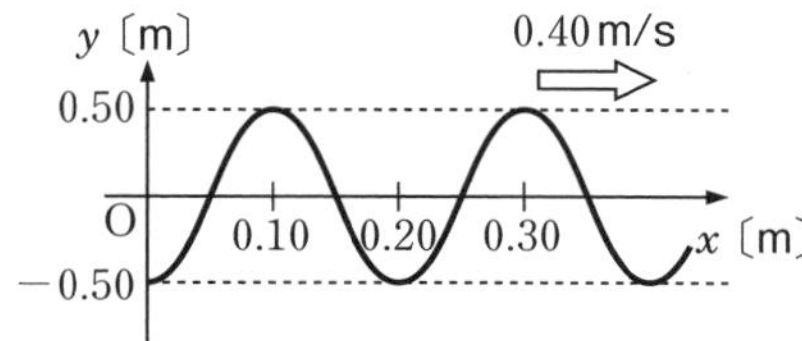

(1) 0.25 s 後の波のようすをかけ。
波の伝わる速さが(ア　　　)m/s であることより，波は
(イ　　　)m/s×(ウ　　　)s＝(エ　　　)m
進む。したがって，図の波を進行方向に
(オ　　　)m 平行移動すればよい。

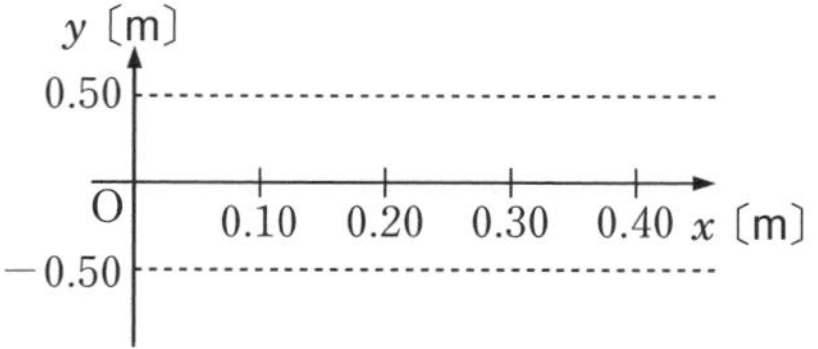

(2) 0.50 s 後の波のようすをかけ。
(1)と同様に，図の波を進行方向に(カ　　　)m 平行移動すればよい。

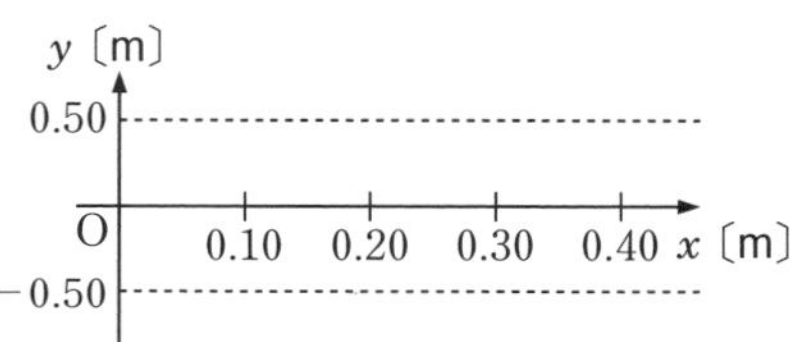

(3) 1.0 s 後の波のようすをかけ。
(1)と同様に，図の波を進行方向に(キ　　　)m 平行移動すればよい。

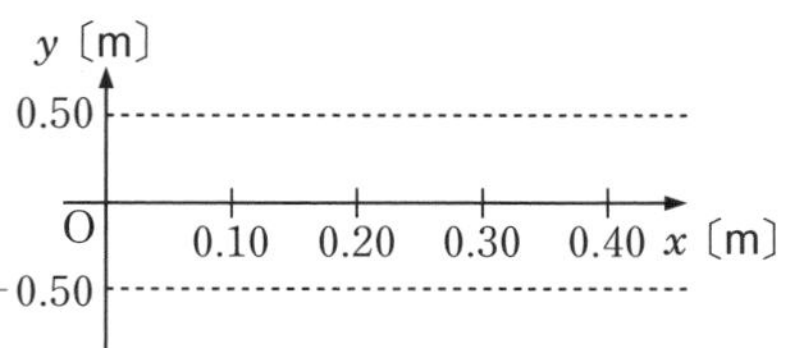

(4) 1.25 s 後の波のようすをかけ。
(1)と同様に，図の波を進行方向に(ク　　　)m 平行移動すればよい。

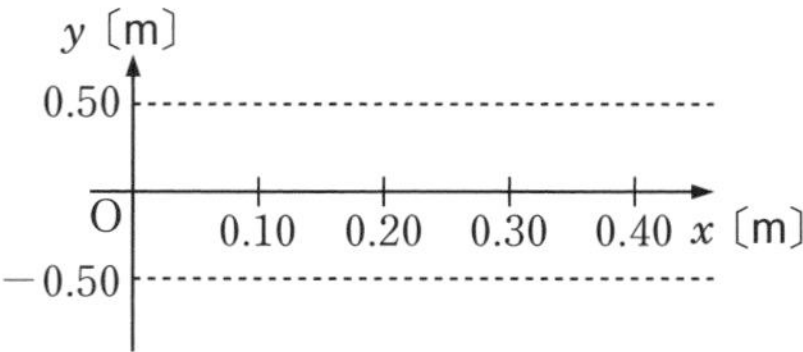

! v〔m/s〕の速さの波は t〔s〕間で vt〔m〕移動するので，波形は vt〔m〕平行移動させる。

2 横波と縦波

例題 1 縦波の横波的表し方

つりあいの状態が図①のようになっていた媒質が，図②のように変位している。縦波を横波表示したい。次の問いに答えよ。

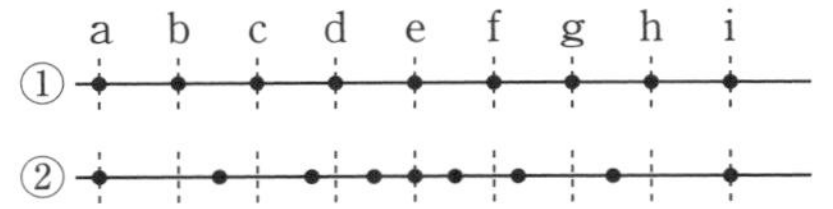

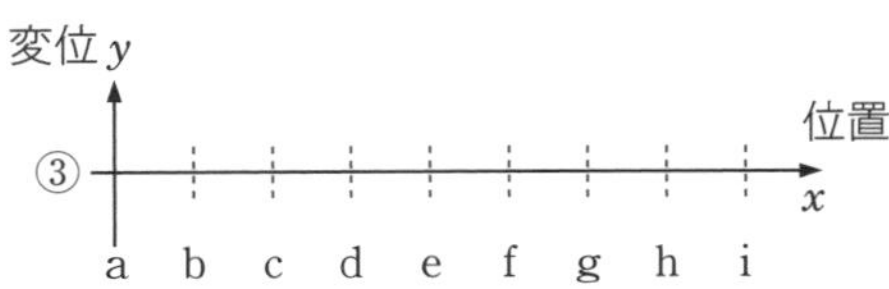

(1) つりあいの位置からの媒質の変位を矢印(→，←)で下図に記入せよ。

変位を記入すると，次のようになる。

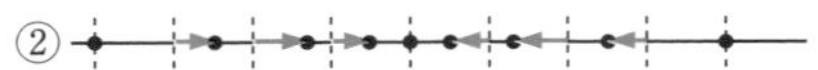

(2) (1)で記入した変位を下図の x 軸上の，各媒質のつりあいの位置に転記せよ。

変位を転記すると，次のようになる。

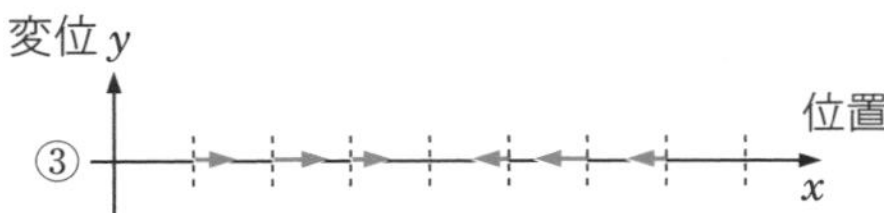

(3) (2)の変位を，y 軸に変換して下図に記入せよ。

x 軸に対して正の変位は y 軸の正の変位に，x 軸に対して負の変位は y 軸の負の変位にして記入すると，次のようになる。

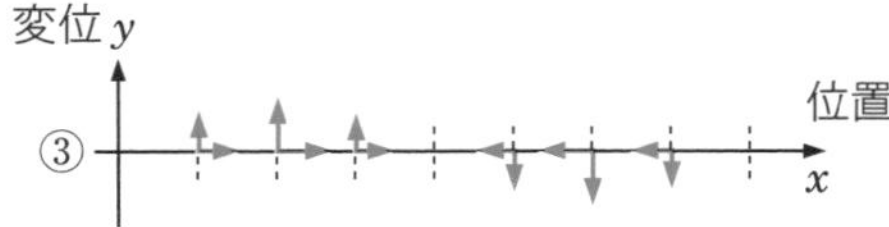

(4) (3)で記入した y 軸の変位をなめらかにつないで，横波表示せよ。

なめらかにつなぐと，次のようになる。

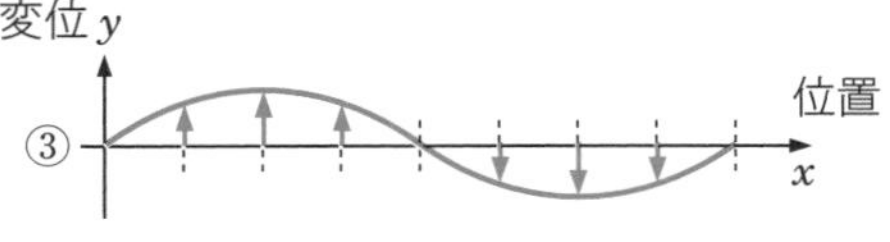

1 つりあいの状態が図①のようになっていた媒質が，図②のように変位している。縦波を横波表示したい。次の問いに答えよ。

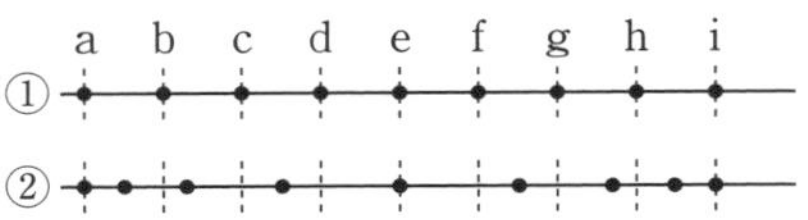

(1) つりあいの位置からの媒質の変位を下図に記入せよ。

(2) (1)で記入した変位を下図の x 軸上の，各媒質のつりあいの位置に転記せよ。

(3) (2)の変位を，y 軸に変換して下図に記入せよ。

(4) (3)で記入した y 軸の変位をなめらかにつないで，横波表示せよ。

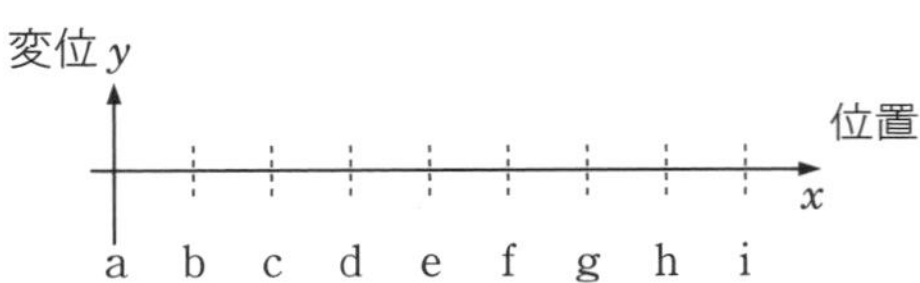

2 つりあいの状態が図①のようになっていた媒質が，図②のように変位している。縦波を横波表示せよ。

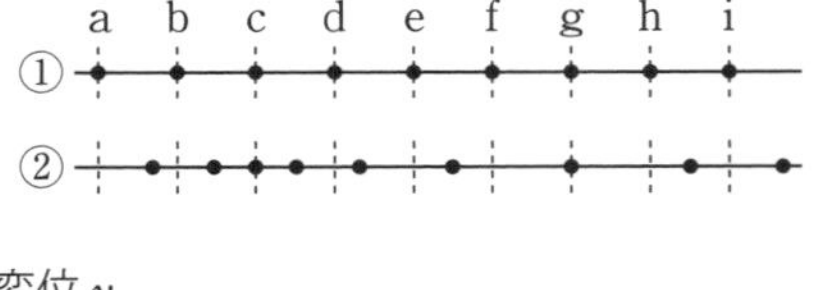

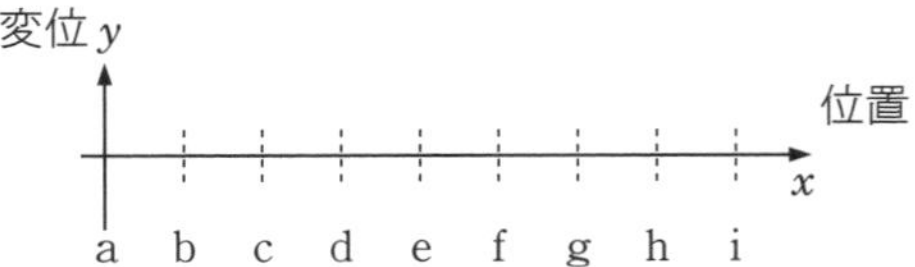

縦波は媒質の振動方向と進行方向が平行であり，横波表示することで見やすくなる。

例題 2 横波表示された縦波の読み取り方

x 軸上を正の向きに進む縦波がある。図は，時刻 $t=0$ s における媒質の位置と変位の関係を示したグラフ（x 軸方向の変位を y 軸方向の変位に変換することで，縦波を横波表示してある）である。次の問いに答えよ。

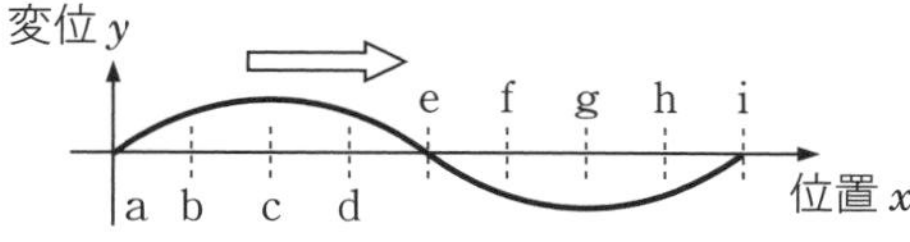

(1) 下図の破線の位置について，媒質の y 軸方向の変位を図示せよ。

y 軸方向の変位を各位置ごとに調べる。

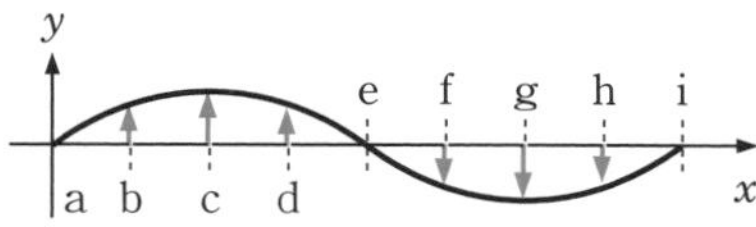

(2) (1)より，x 軸方向の媒質の変位を下図に示せ。

y 軸方向に正の変位をしている場合は，それと同じ大きさだけ，x 軸方向に正の変位をさせる。y 軸方向に負の変位をしている場合は，それと同じ大きさだけ，x 軸方向に負の変位をさせる。すると，下図のようになる。

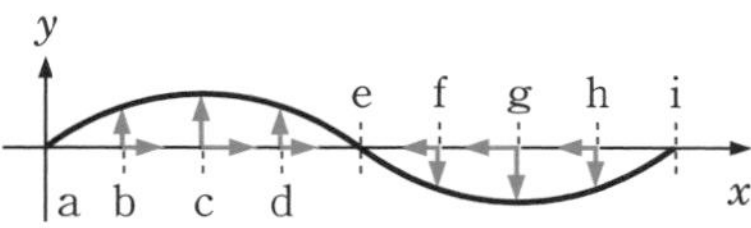

(3) 媒質が最も密な位置は a〜i のどれか。すべて求めよ。

媒質が最も集まっているところが密である。図を見るとわかるように，最も密な位置は，e である。

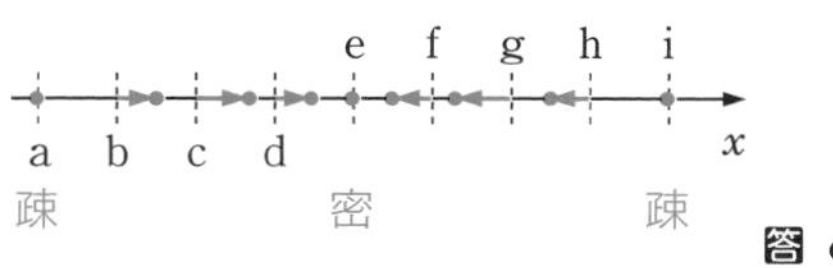

答 e

(4) 媒質が最も疎な位置は a〜i のどれか。すべて求めよ。

(3)の図からわかるように，最も疎な位置は，a と i である。

答 a，i

3 x 軸上を正の向きに進む縦波がある。図は，時刻 $t=0$ s における媒質の位置と変位の関係を示したグラフ（x 軸方向の変位を y 軸方向の変位に変換することで，縦波を横波表示してある）である。次の問いに答えよ。

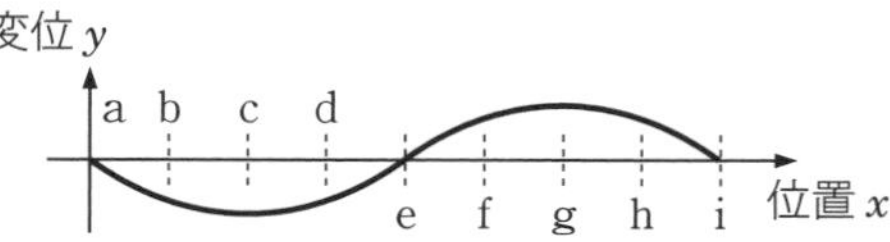

(1) 下図の破線の位置について，媒質の y 軸方向の変位を図示せよ。

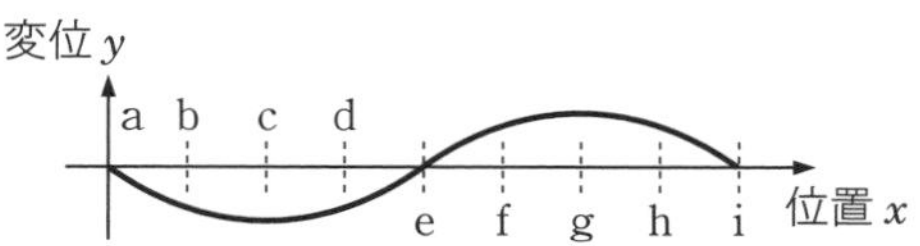

(2) (1)より，x 軸方向の媒質の変位を下図に示せ。

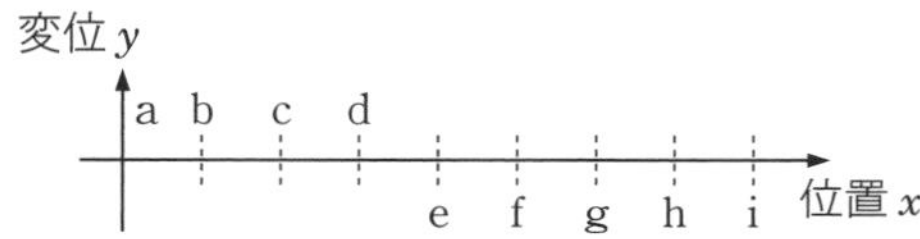

(3) 最も密な位置，最も疎な位置をすべて求めよ。

密な位置＿＿＿＿＿＿　疎な位置＿＿＿＿＿＿

4 図は，ある時刻における縦波を横波表示（x 軸方向の変位を y 軸方向の変位に変換することで，縦波を横波表示してある）したものである。最も密な位置，最も疎な位置をすべて求めよ。

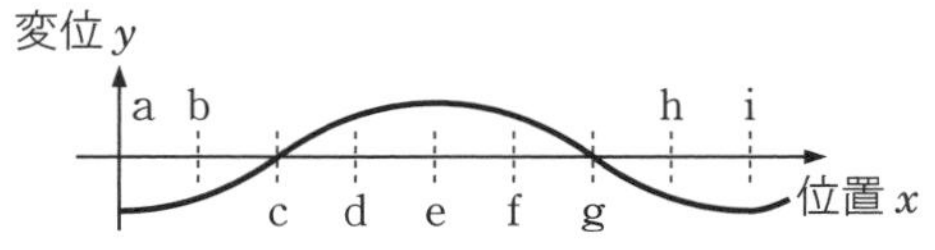

密な位置＿＿＿＿＿＿　疎な位置＿＿＿＿＿＿

3 波の重ねあわせの原理

例題 1 波の重ねあわせの原理

図のように，2つの波が空間に存在している。2つの波の合成波をかけ。

(1)

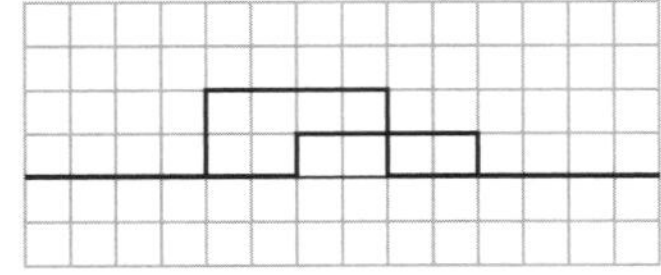

重なっている領域について，重ねあわせの原理(2＋1＝3)で合成する。

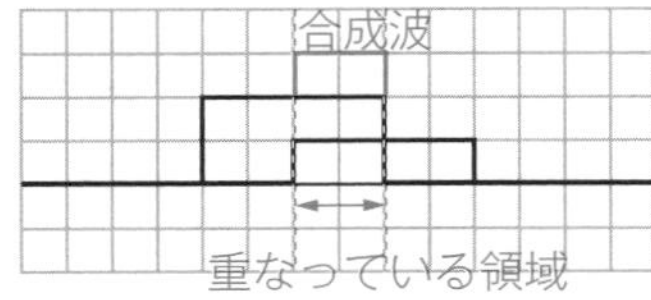

(2)

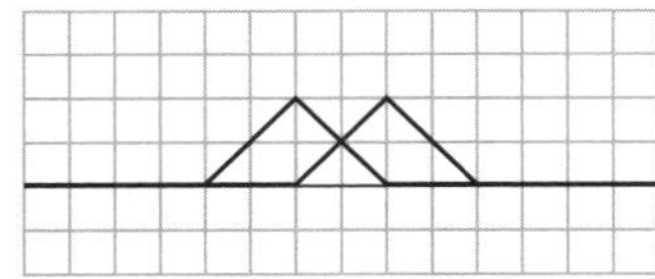

(1)と同様に，重なっている領域について，重ねあわせの原理で合成する。

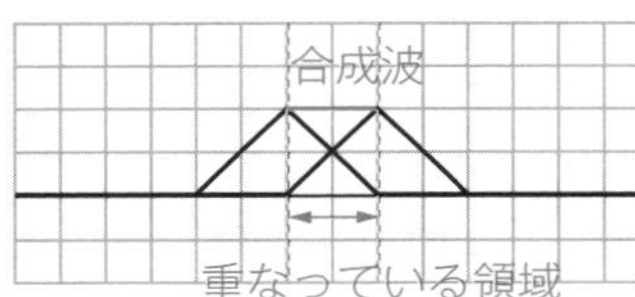

(3)

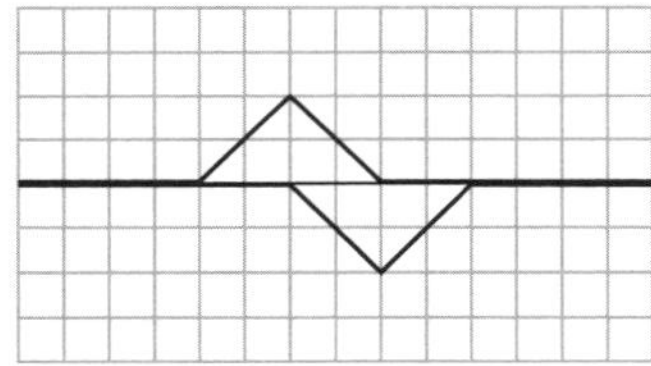

(1)と同様に，重なっている領域について，重ねあわせの原理(山と谷に注意して)で合成する。

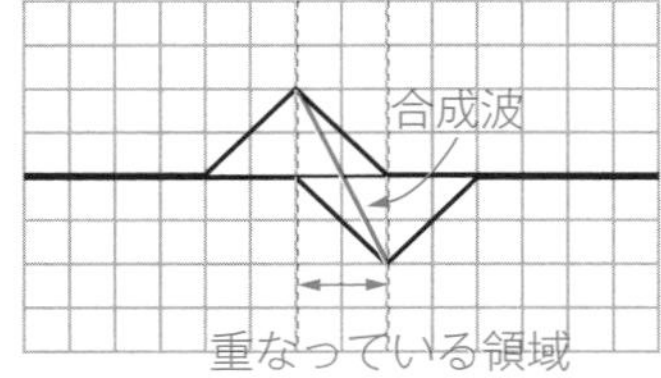

1 図のように，2つの波が空間に存在している。2つの波の合成波をかけ。

(1)

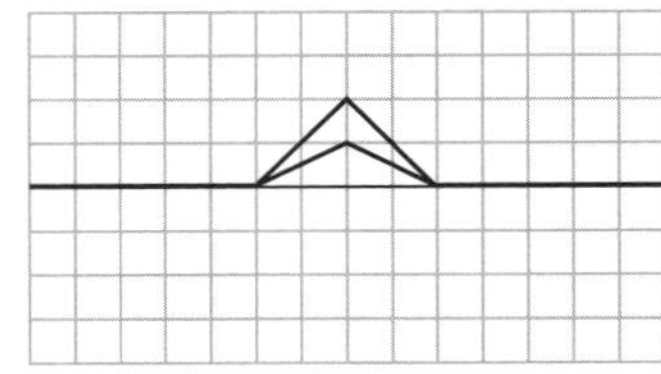

(2)

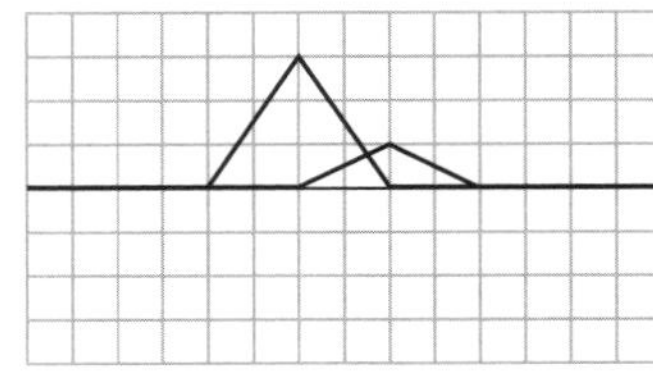

(3)

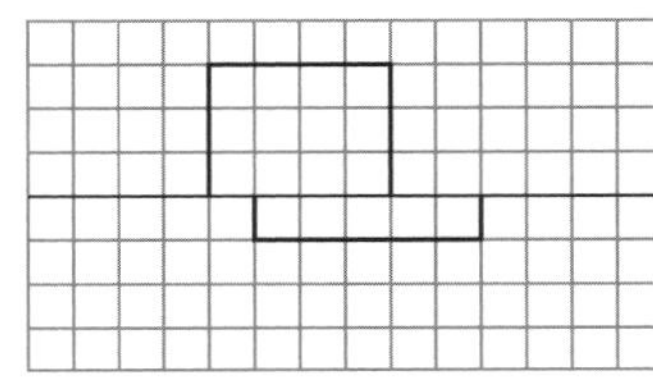

(4)

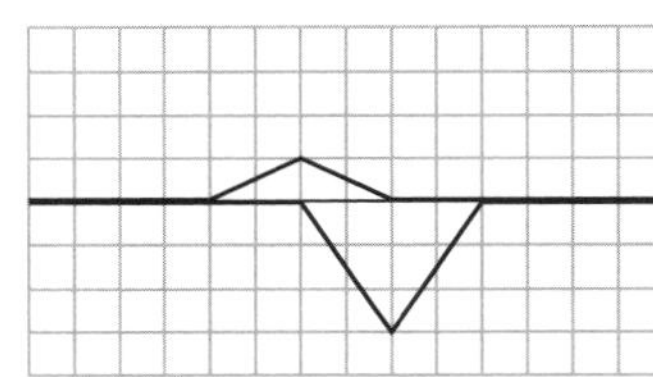

(5)

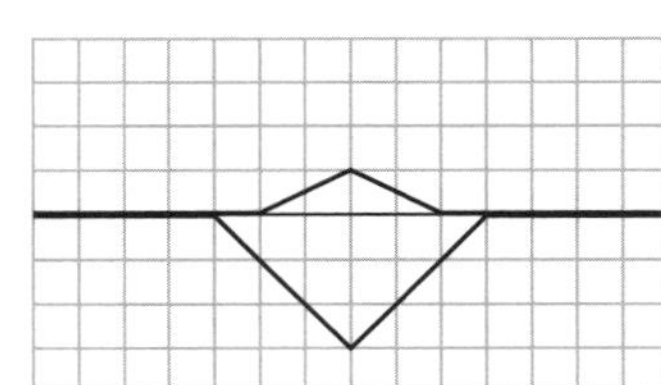

(6)

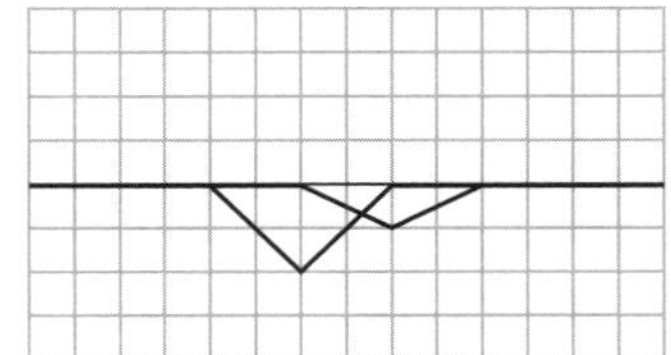

重ねあわせの原理は，2つの波が存在している領域でそれらの変位を足しあわせる。

例題 2　t 秒後の波の形

空間に 2 つの波が存在している。それぞれの波は，図のように，どちらも 1 cm/s で左右に進んでいく。図の 1 目盛りは 1 cm を表していて，ある時刻における波形である。この時刻から 1 s 後，2 s 後の波の形をかけ。

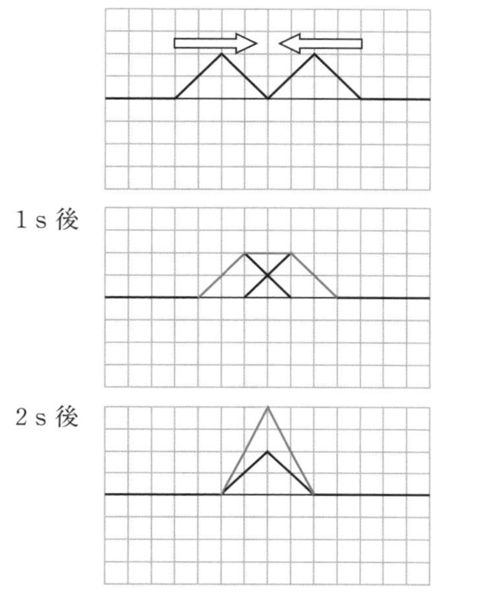

2 空間に 2 つの波が存在している。それぞれの波は，図のように，どちらも 1 cm/s で左右に進んでいく。図の 1 目盛りは 1 cm を表していて，ある時刻における波形である。この時刻から 1 s 後，2 s 後の波の形をかけ。

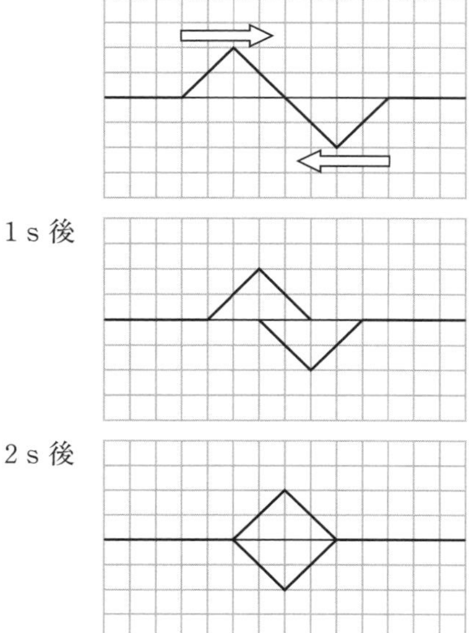

例題 3　定常波（定在波）

空間に 2 つの連続する正弦波が存在している。実線の波は右向きに，破線の波は左向きにどちらも 1 cm/s で進んでいく。図の 1 目盛りは 1 cm を表している。図の時刻から 1 s 後，2 s 後の波の形をかけ。

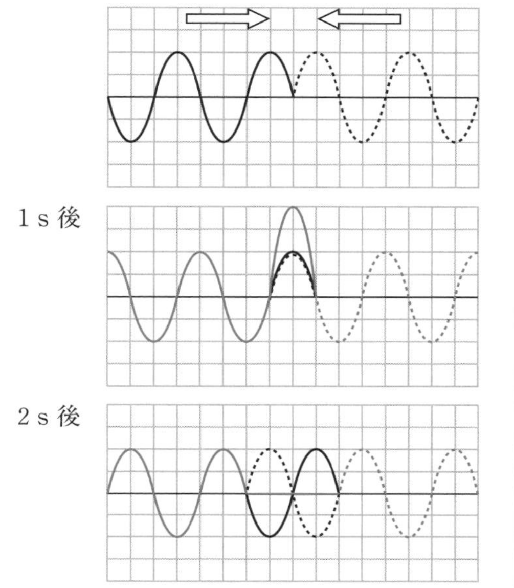

3 例題 3 の，3 s 後，4 s 後，5 s 後の波の形をかけ。

3 s 後

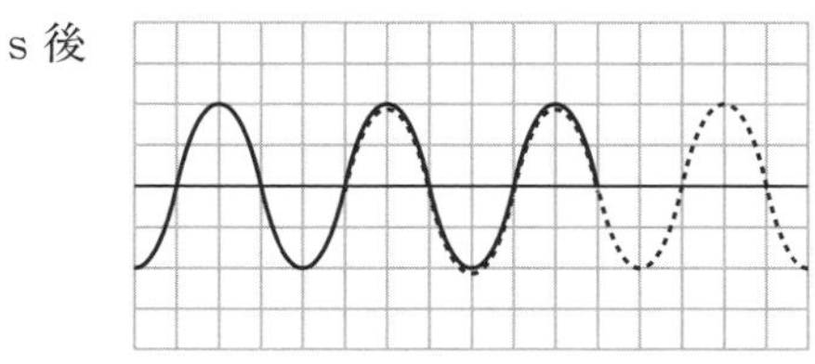

4 s 後

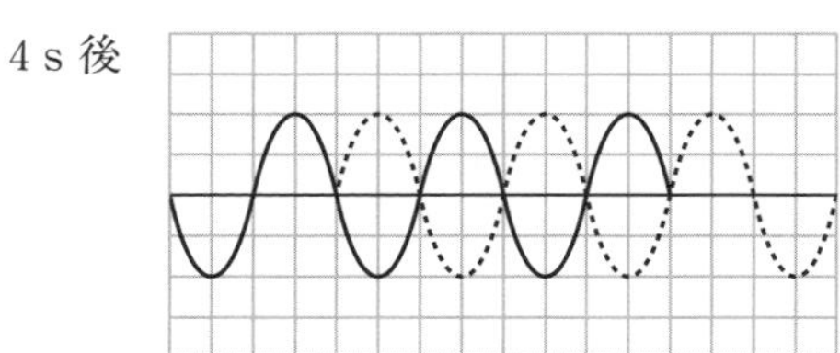

5 s 後

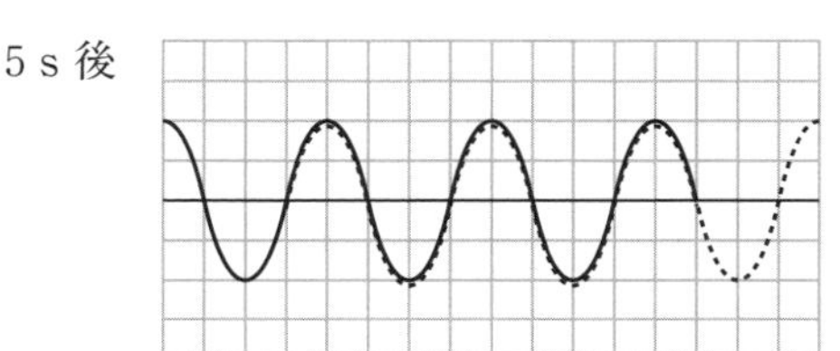

反対向きに進む振幅と波長が等しい 2 つの正弦波が重なるとき，定常波ができる。定常波は腹と節が存在する。

4 波の反射

例題 1 自由端反射

図は，右向きに進む波である。この波が境界で自由端反射する。波の伝わる速さは，1 cm/s であり，図の 1 目盛りは 1 cm である。次の問いに答えよ。

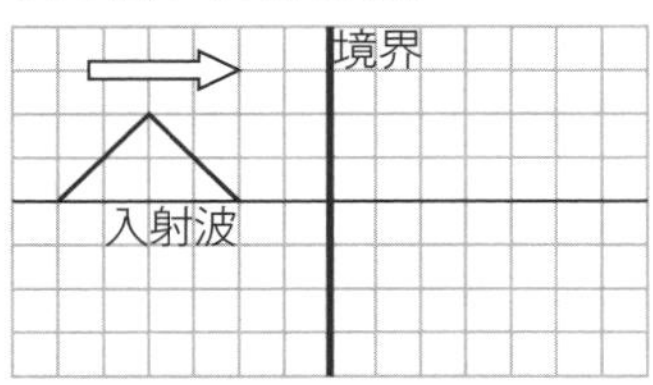

(1) 図の時刻より 3 s 後，4 s 後，5 s 後の反射波のようすをかけ。

(2) 図の時刻より 3 s 後，4 s 後，5 s 後の合成波のようすをかけ。

自由端での反射では，入射波の延長を境界で折り返した波が反射波となる。

3 s 後　入射波は 1 cm/s×3 s＝3 cm 境界に向かって進める。入射波の延長を境界で折り返す。

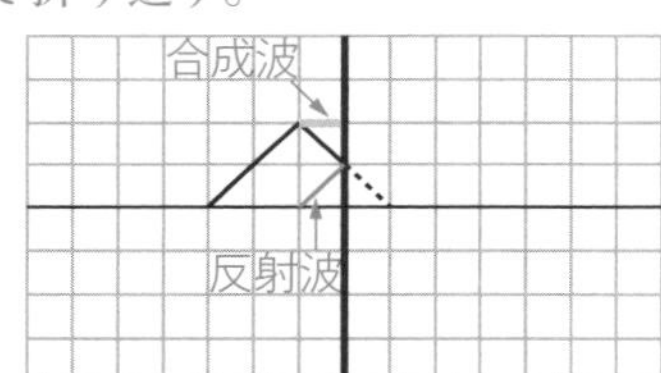

4 s 後　さらに 1 cm 右に進める。

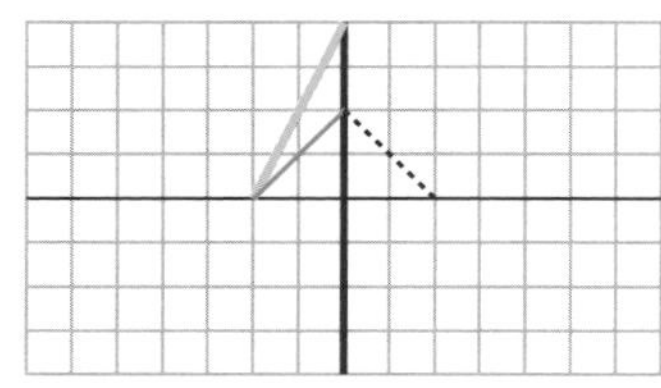

5 s 後　さらに 1 cm 右に進める。

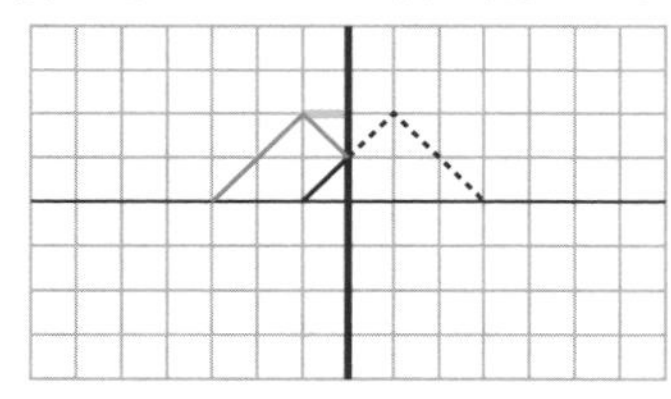

※反射波は――，合成波は――で示す。

1 図は，右向きに進む波である。この波が境界で自由端反射する。波の伝わる速さは，1 cm/s であり，図の 1 目盛りは 1 cm である。例題を参考にして，次の問いに答えよ。

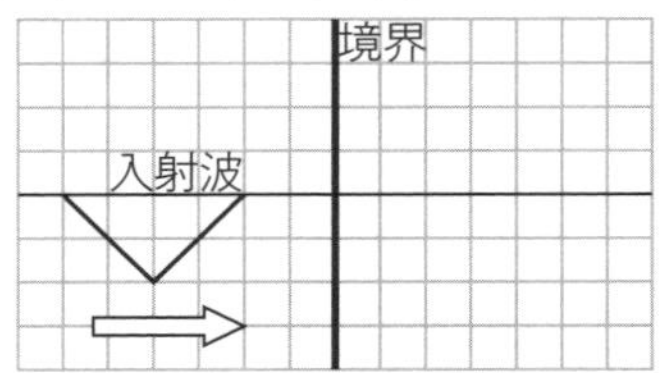

(1) 図の時刻より 3 s 後，4 s 後，5 s 後，6 s 後の反射波のようすをかけ。

(2) 図の時刻より 3 s 後，4 s 後，5 s 後，6 s 後の合成波のようすをかけ。

3 s 後

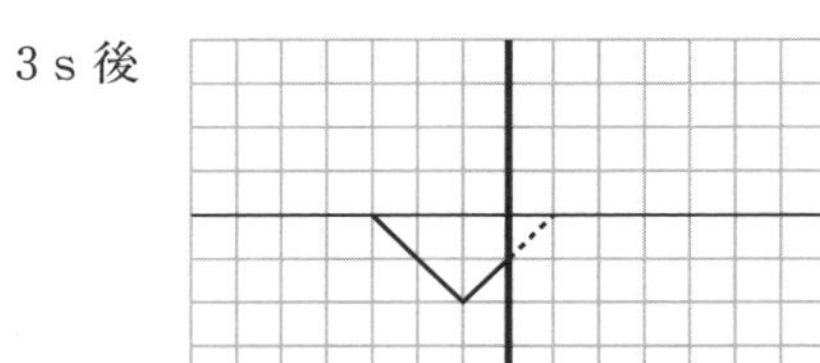

4 s 後

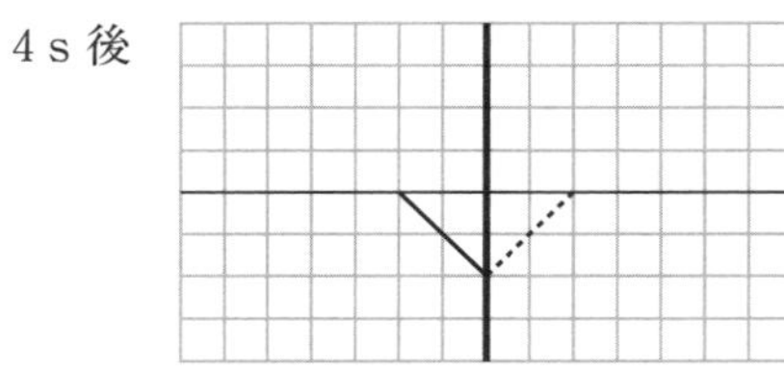

5 s 後

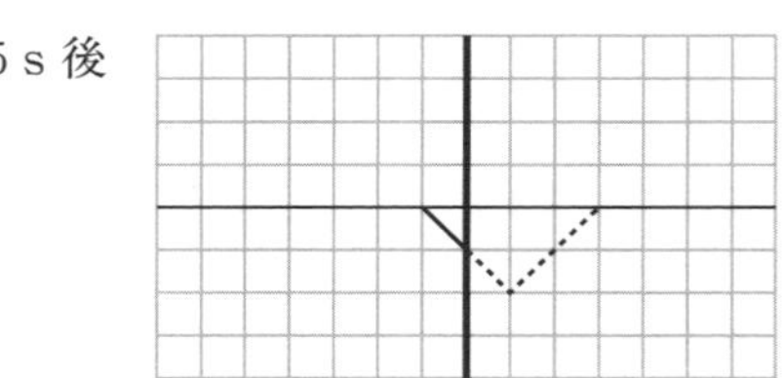

6 s 後

入射波と反射波が両方存在する領域では，合成波は重ねあわせの原理で合成する。

例題 2 固定端反射

図は，右向きに進む波である。この波が境界で固定端反射する。波の伝わる速さは，1 cm/s であり，図の1目盛りは1 cm である。次の問いに答えよ。

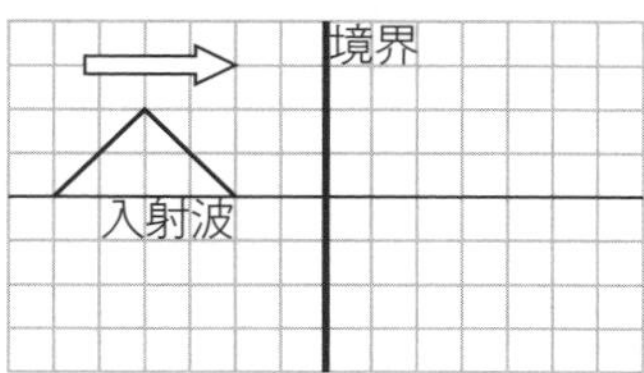

(1) 図の時刻より 3 s 後，4 s 後，5 s 後の反射波のようすをかけ。

(2) 図の時刻より 3 s 後，4 s 後，5 s 後の合成波のようすをかけ。

固定端での反射は，入射波の延長を上下に反転させる。さらに境界で折り返す。

3 s 後　入射波は 1 cm/s×3 s＝3 cm 境界に向かって進める。入射波の延長を上下に反転させ，さらに境界で折り返す。

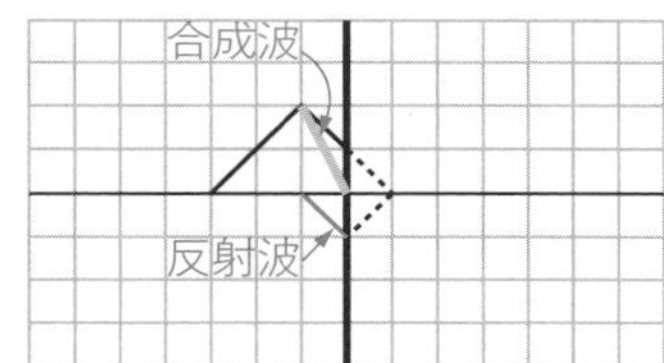

4 s 後　さらに 1 cm 右に進める。

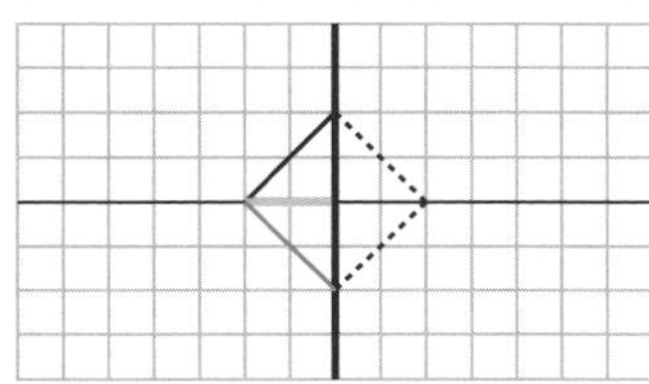

5 s 後　さらに 1 cm 右に進める。

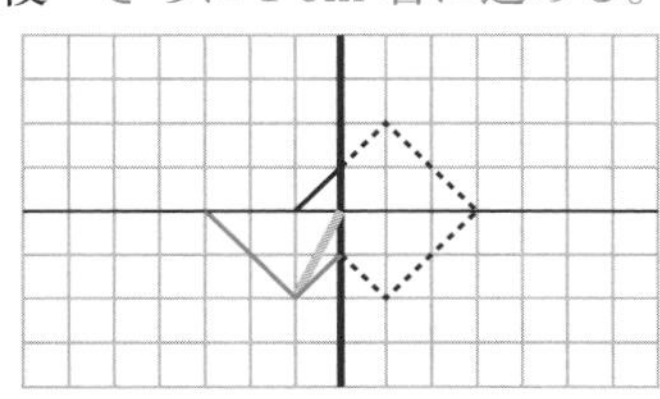

※反射波は——，合成波は——で示す。

2 図は，右向きに進む波である。この波が境界で固定端反射する。波の伝わる速さは，1 cm/s であり，図の1目盛りは1 cm である。例題を参考にして，次の問いに答えよ。

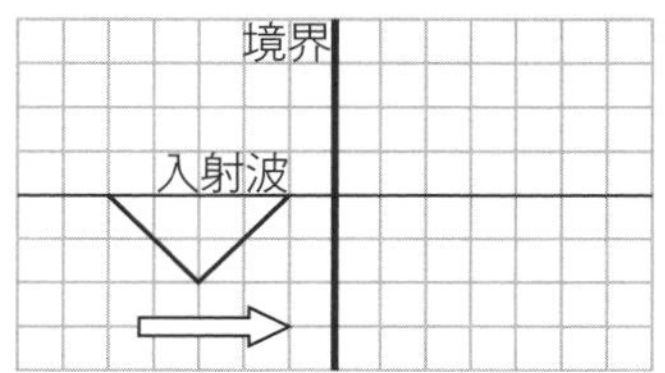

(1) 図の時刻より 3 s 後，4 s 後，5 s 後，6 s 後の反射波のようすをかけ。

(2) 図の時刻より 3 s 後，4 s 後，5 s 後，6 s 後の合成波のようすをかけ。

3 s 後

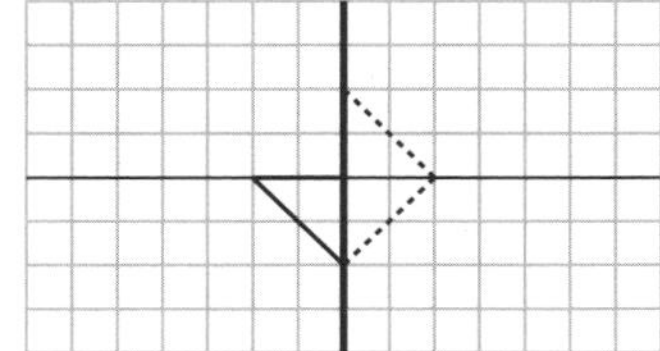

4 s 後

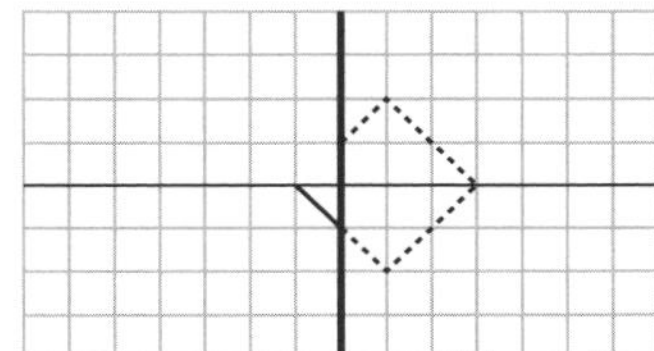

5 s 後

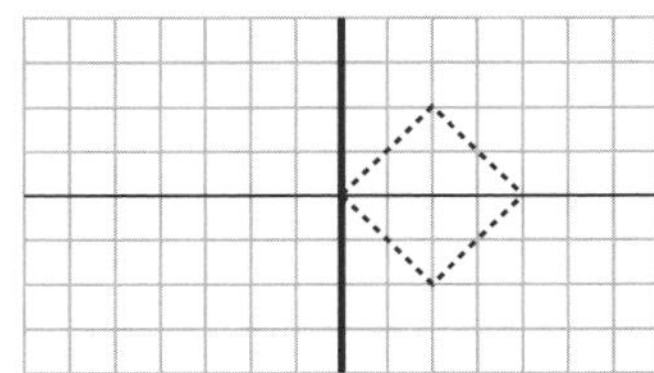

6 s 後

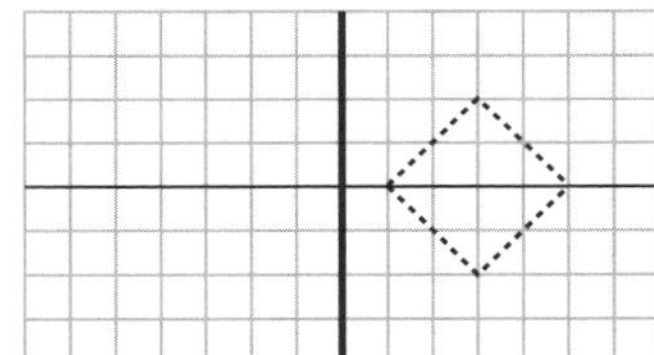

5 音の伝わり方と重ねあわせ

例題 1 音波と音速

空気中の音の伝わり方について，次の問いに答えよ。

(1) 気温が 15.0 ℃の空気中を伝わる音の速さを小数第一位まで求めよ。

(2) (1)の音の振動数が 681 Hz であった。音の波長を求めよ。

解法 (1) t〔℃〕の空気中を伝わる音の速さは，

$V=331.5+0.6\ t$

で与えられる。$t=15.0$ ℃を代入して，

$V=331.5+0.6\times15.0=340.5$ m/s

答 340.5 m/s

(2) 波の基本式 $V=f\lambda$ より，

$$\lambda=\frac{V}{f}=\frac{340.5\ \text{m/s}}{681\ \text{Hz}}=0.500\ \text{m}$$

答 0.500 m

1 空気中の音の伝わり方について，次の問いに答えよ。なお，(　　)内には数値を，〔　　〕内には単位を入れよ。

(1) 気温が 20.0 ℃の空気中を伝わる音の速さを小数第一位まで求めよ。

t〔℃〕の空気中を伝わる音の速さは，

$V=$ (ア　　　　) $+0.6\ t$

で与えられる。$t=20.0$ ℃を代入して，

$V=$ (イ　　　　) $+0.6\times$ (ウ　　　　)

$=343.5$ m/s

(2) (1)の音の振動数が 1374 Hz であった。音の波長を求めよ。

波の基本式 $V=f\lambda$ より，

$$\lambda=\frac{V}{f}=\frac{(\text{エ}\qquad)〔\text{オ}\qquad〕}{(\text{カ}\qquad)〔\text{キ}\qquad〕}$$

$=0.2500$ m

2 空気中の音の伝わり方について，次の問いに答えよ。

(1) 気温が 10.0 ℃の空気中を伝わる音の速さを小数第一位まで求めよ。

(2) (1)の音の振動数が 135 Hz であった。音の波長を求めよ。

例題 2 音の三要素

下の空欄に当てはまる語句を答えよ。

(高さ)，(大きさ)，(音色)を音の三要素という。

・振動数は 1 秒間に振動する回数のことである。

音の高さは振動数が大きいほど高い。下図では，(ア)に比べて(イ)の音は(低い)。

・音の大きさは，振幅が大きいほど大きい。下図では，(ア)に比べて(ウ)の音は(小さい)。

・音の波形が音色を表す。

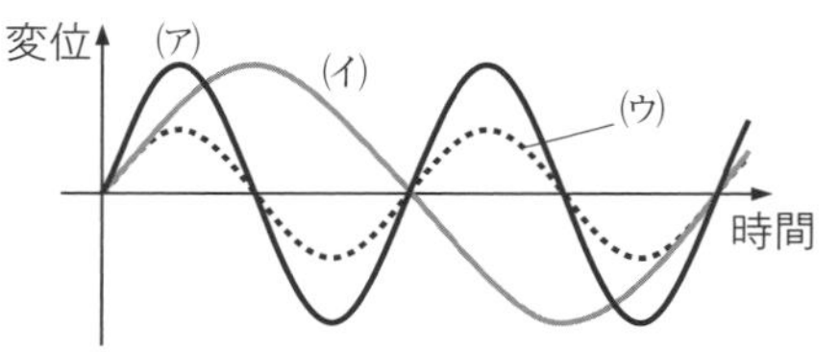

3 3 つの音(ア)～(ウ)をオシロスコープで調べたところ，次のようになった。縦軸と横軸のスケールはすべて同じである。次の問いに答えよ。

(ア)

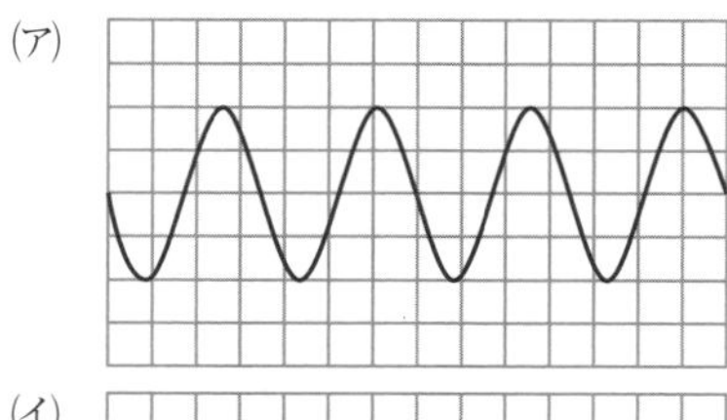

(イ)

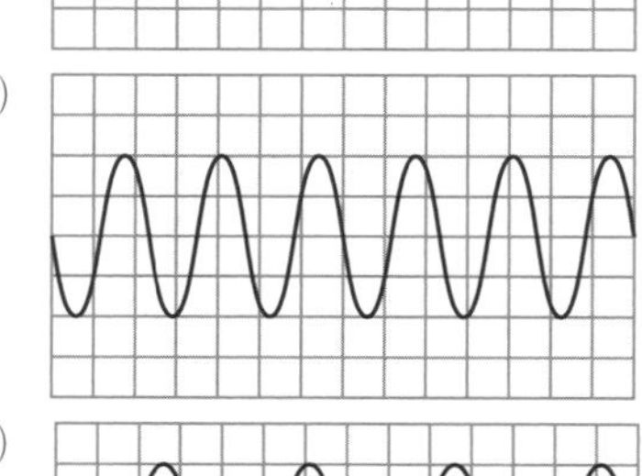

(ウ)

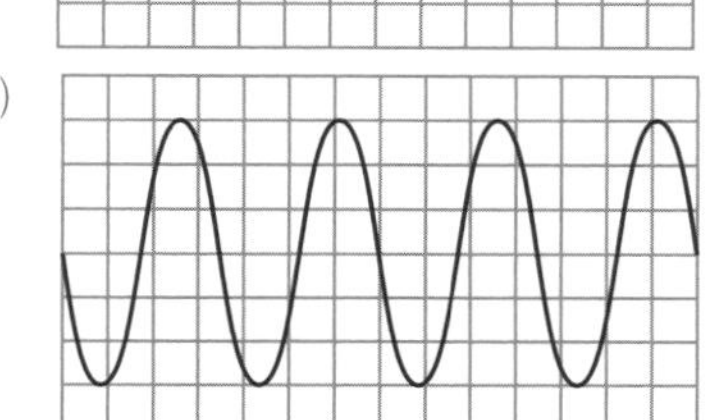

☑ V〔m/s〕：音の伝わる速さ　t〔℃〕：気温　f〔Hz〕：振動数　λ〔m〕：波長

(1) (ア)と(イ)では，どちらの音の方が高いか。

(2) (ア)と(ウ)では，どちらの音の方が大きいか。

(3) 最も振動数の大きい音は(ア)〜(ウ)のどれか。

例題 3 うなりの回数

次の2つの音を同時に鳴らした場合，1秒間にうなりは何回聞こえるか。

(1) 振動数 660 Hz と振動数 658 Hz の音

(2) 振動数 438 Hz と振動数 443 Hz の音

解法 (1) 1秒間に聞こえるうなりの回数は，2つの音の振動数の差 $|f_1-f_2|$ となる。

$|660\ \text{Hz}-658\ \text{Hz}|=2\ \text{Hz}$

答 2回

(2) (1)と同様に

$|438\ \text{Hz}-443\ \text{Hz}|=5\ \text{Hz}$

答 5回

4 次の2つの音を同時に鳴らした場合，1秒間にうなりは何回聞こえるか。なお，（　）内には数値を，〔　〕内には単位を入れよ。

(1) 振動数 770 Hz と振動数 764 Hz の音

1秒間に聞こえるうなりの回数は，2つの音の振動数の差 $|f_1-f_2|$ となる。

|(ア　　)〔イ　　〕−(ウ　　)〔エ　　〕|

＝6 Hz

(オ　　)回

(2) 振動数 660 Hz と振動数 663 Hz の音

(1)と同様に，

|(カ　　)〔キ　　〕−(ク　　)〔ケ　　〕|

＝|(コ　　)〔サ　　〕|

＝3 Hz

(シ　　)回

5 次の2つの音を同時に鳴らした場合，1秒間にうなりは何回聞こえるか。

(1) 振動数 1000 Hz と振動数 999 Hz の音

(2) 振動数 440 Hz と振動数 438 Hz の音

例題 4 うなりによる振動数特定

振動数のわからない音Aと，振動数が 440 Hz のおんさの音を同時に生じさせたところ，うなりは1秒間に3回聞こえた。次に，おんさにおもりを取り付け，音を同時に鳴らしたところ，うなりは聞こえなくなった。音Aの振動数を求めよ。

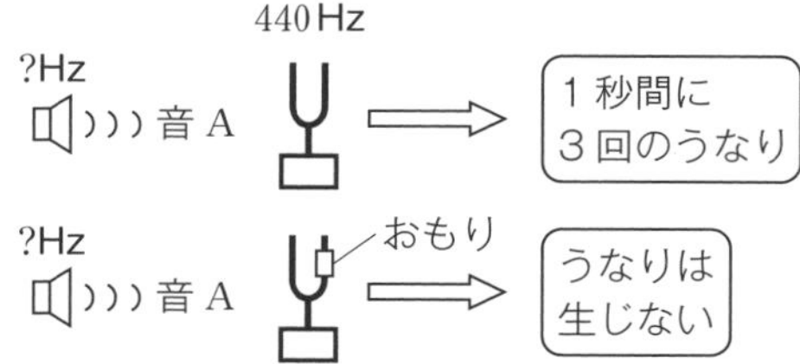

解法 音Aの振動数を f_A〔Hz〕とする。

$|f_A-440\ \text{Hz}|=3\ \text{Hz}$ より，

f_A は 443 Hz または 437 Hz である。

おもりを取り付けると，おんさは振動しにくくなるので，振動数は最初に比べて小さくなる。

おもりを取り付けたあとに音Aとおんさの間ではうなりは聞こえないことより，音Aは 440 Hz よりも振動数の小さい音であることがわかる。

したがって，437 Hz である。 **答 437 Hz**

6 振動数のわからない音Aと，振動数が 800 Hz のおんさの音を同時に生じさせたところ，うなりは1秒間に4回聞こえた。次に，おんさにおもりを取り付け，音を同時に鳴らしたところ，うなりは聞こえなくなった。音Aの振動数を求めよ。なお，（　）内には数値を，〔　〕内には単位を入れよ。

音Aの振動数を f_A〔Hz〕とする。

|f_A−(ア　　)〔イ　　〕|＝(ウ　　)〔エ　　〕

より，f_A は(オ　　)Hz または(カ　　)Hz である。おもりを取り付けると，おんさは振動しにくくなるので，振動数は最初に比べて小さくなる。

おもりを取り付けたあとに音Aとおんさの間ではうなりは聞こえないことより，音Aは(キ　　)Hz よりも振動数の小さい音であることがわかる。

したがって，(ク　　)Hz である。

6 弦の振動

例題 1　基本振動

長さ 0.500 m の弦に腹が 1 個の定常波が生じている場合，定常波のようすと定常波の波長，弦の振動数を求めよ。なお，弦を伝わる波の速さは 100 m/s とする。

解法　定常波のようすは次のようになる。

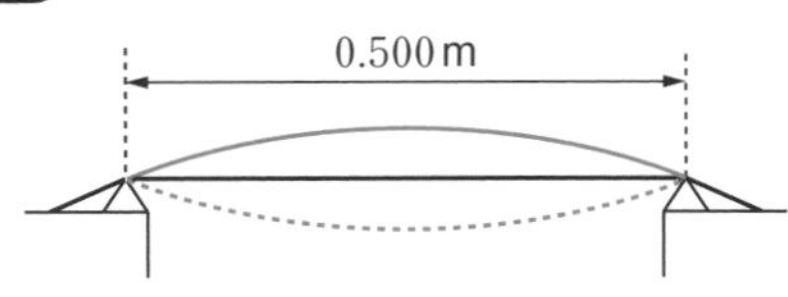

波長 λ〔m〕は，上図より，弦の長さ l〔m〕の 2 倍であることがわかる。$\lambda=2l$ より，

$\lambda=2\times0.500\ \text{m}=1.00\ \text{m}$

$v=f\lambda$ より，弦の振動数 f〔Hz〕は

$f=\dfrac{v}{\lambda}=\dfrac{100\ \text{m/s}}{1.00\ \text{m}}$

$=100\ \text{Hz}$

答　波長 1.00 m，振動数 100 Hz

1 長さ 2.0 m の弦に腹が 1 個の定常波が生じている場合，定常波のようすと定常波の波長，弦の振動数を求めよ。弦を伝わる波の速さは 200 m/s とする。なお，(　　)内には数値を，〔　　〕内には単位を入れよ。

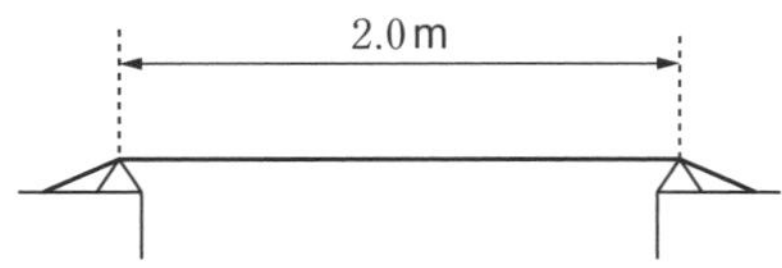

定常波のようすは上図のようになる。

波長 λ〔m〕は，上図より，弦の長さ l〔m〕の 2 倍であることがわかる。$\lambda=2l$ より，

$\lambda=2\times$(ア　　)〔イ　　〕

$=4.0\ \text{m}$

$v=f\lambda$ より，弦の振動数 f〔Hz〕は

$f=\dfrac{v}{\lambda}=\dfrac{(\text{ウ}\quad)〔\text{エ}\quad〕}{(\text{オ}\quad)〔\text{カ}\quad〕}$

$=50\ \text{Hz}$

2 長さ 1.0 m の弦に腹が 1 個の定常波が生じている場合，定常波のようすと定常波の波長，弦の振動数を求めよ。弦を伝わる波の速さは 80 m/s とする。

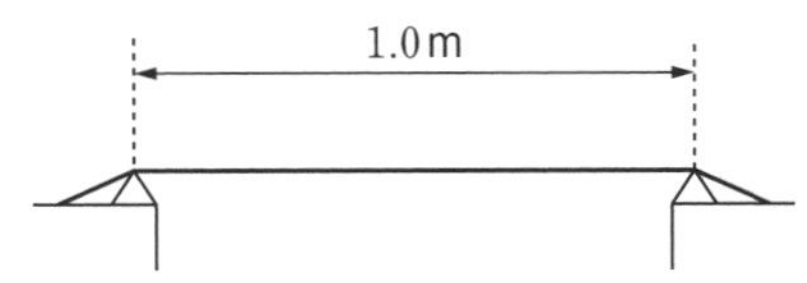

波長

振動数

例題 2　2 倍振動

長さ 0.50 m の弦に腹が 2 個の定常波が生じている場合，定常波のようすと定常波の波長，弦の振動数を求めよ。なお，弦を伝わる波の速さは 100 m/s とする。

解法　定常波のようすは次のようになる。

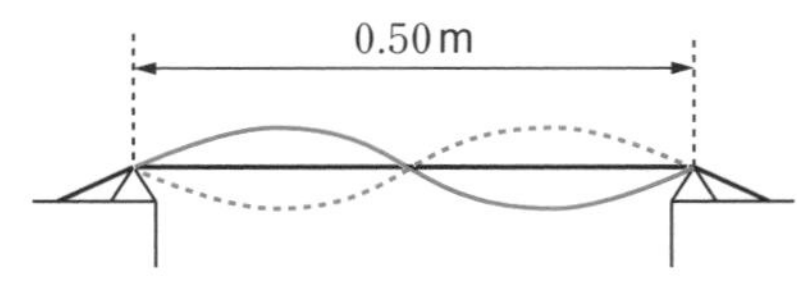

波長 λ〔m〕は，上図より，弦の長さ l〔m〕と同じであることがわかる。$\lambda=l$ より，

$\lambda=0.50\ \text{m}$

$v=f\lambda$ より，弦の振動数 f〔Hz〕は

$f=\dfrac{v}{\lambda}=\dfrac{100\ \text{m/s}}{0.50\ \text{m}}=200\ \text{Hz}$　（0.50 m より有効数字 2 けた）

$=2.0\times10^2\ \text{Hz}$

答　波長 0.50 m，振動数 2.0×10^2 Hz

3 長さ 0.80 m の弦に腹が 2 個の定常波が生じている場合，定常波のようすと定常波の波長，弦の振動数を求めよ。弦を伝わる波の速さは 200 m/s とする。なお，(　　)内には数値を，〔　　〕内には単位を入れよ。

弦をはじくと，両端を節とする定常波が生じる。

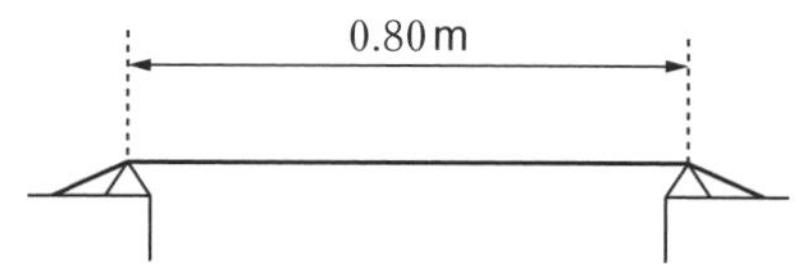

定常波のようすは上図のようになる。
波長λ〔m〕は，上図より，弦の長さl〔m〕と同じであることがわかる。$\lambda=l$より，

$\lambda=$(ア　　　)〔イ　　〕

$v=f\lambda$より，弦の振動数f〔Hz〕は

$f=\dfrac{v}{\lambda}=\dfrac{(\text{ウ}\quad)〔\text{エ}\quad〕}{(\text{オ}\quad)〔\text{カ}\quad〕}=250\ \text{Hz}$

$=2.5\times10^{2}\ \text{Hz}$

4 長さ 2.0 m の弦に腹が 2 個の定常波が生じている場合，定常波のようすと定常波の波長，弦の振動数を求めよ。弦を伝わる波の速さは 200 m/s とする。

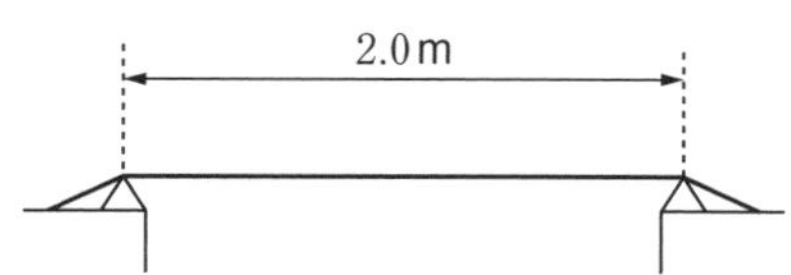

波長

振動数

例題 3　3倍振動

長さ 1.2 m の弦に腹が 3 個の定常波が生じている場合，定常波のようすと定常波の波長，弦の振動数を求めよ。なお，弦を伝わる波の速さは 400 m/s とする。

解法　定常波のようすは次のようになる。

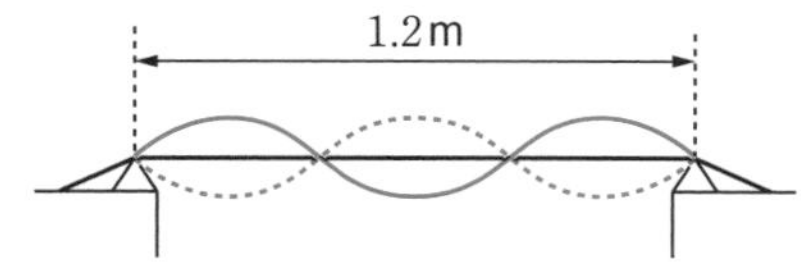

波長λ〔m〕は，上図より，弦の長さl〔m〕の$\dfrac{2}{3}$倍であることがわかる。$\lambda=\dfrac{2}{3}l$より，

$\lambda=\dfrac{2}{3}\times1.2\ \text{m}=0.80\ \text{m}$

$v=f\lambda$より，弦の振動数f〔Hz〕は

$f=\dfrac{v}{\lambda}=\dfrac{400\ \text{m/s}}{0.80\ \text{m}}=500\ \text{Hz}$

$=5.0\times10^{2}\ \text{Hz}$

答　波長 0.80 m，振動数 5.0×10^{2} Hz

5 長さ 2.1 m の弦に腹が 3 個の定常波が生じている場合，定常波のようすと定常波の波長，弦の振動数を求めよ。弦を伝わる波の速さは 420 m/s とする。なお，(　　)内には数値を，〔　　〕内には単位を入れよ。

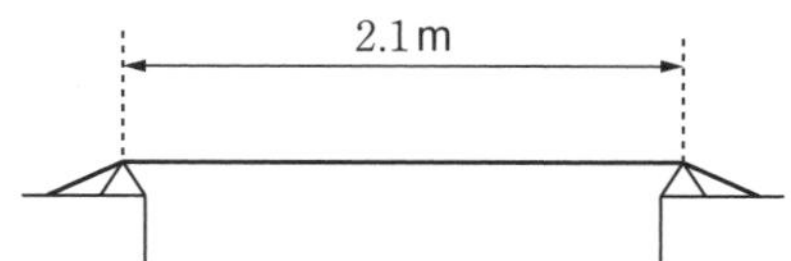

定常波のようすは上図のようになる。
波長λ〔m〕は，上図より，弦の長さl〔m〕の$\dfrac{2}{3}$倍であることがわかる。$\lambda=\dfrac{2}{3}l$より，

$\dfrac{2}{3}\times$(ア　　　)〔イ　　〕$=1.4$ m

$v=f\lambda$より，弦の振動数f〔Hz〕は

$f=\dfrac{v}{\lambda}=\dfrac{(\text{ウ}\quad)〔\text{エ}\quad〕}{(\text{オ}\quad)〔\text{カ}\quad〕}=300\ \text{Hz}$

$=3.0\times10^{2}\ \text{Hz}$

6 長さ 0.60 m の弦に腹が 3 個の定常波が生じている場合，定常波のようすと定常波の波長，弦の振動数を求めよ。弦を伝わる波の速さは 200 m/s とする。

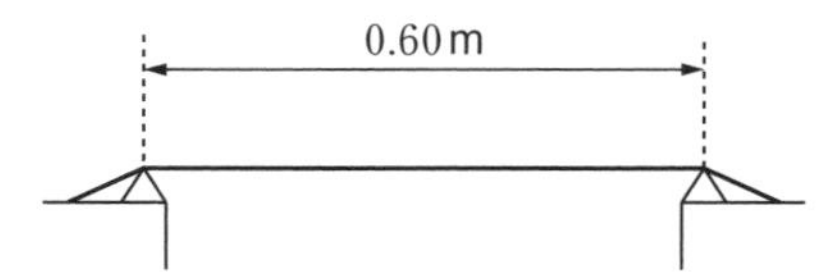

波長

振動数

腹が 1 個の定常波に対して，2 個，3 個と増えるにつれて，振動数も 2 倍，3 倍となる。

7 気柱の振動と共鳴

※以下の問題では，開口端補正は無視できるものとする。

例題 1 開管の基本振動

長さ 0.170 m の開管内の気柱に基本振動が生じている場合，気柱の振動のようすと波長，固有振動数を求めよ。なお，空気中を伝わる音の速さは 340 m/s とする。

解法 定常波のようすは右図のようになる。 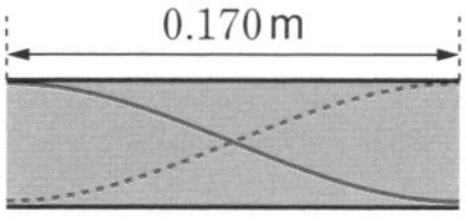
波長は，図より，管の長さの 2 倍であることがわかる。したがって，

$\lambda=2l=2\times0.170\ \text{m}=0.340\ \text{m}$

$V=f\lambda$ より，固有振動数は

$f=\dfrac{V}{\lambda}=\dfrac{340\ \text{m/s}}{0.340\ \text{m}}=1000\ \text{Hz}=1.00\times10^3\ \text{Hz}$

答 波長 0.340 m，固有振動数 1.00×10^3 Hz

例題 2 開管の 2 倍振動

長さ 0.170 m の開管内の気柱に 2 倍振動が生じている場合，気柱の振動のようすと波長，固有振動数を求めよ。なお，空気中を伝わる音の速さは 340 m/s とする。

解法 定常波のようすは右図のようになる。

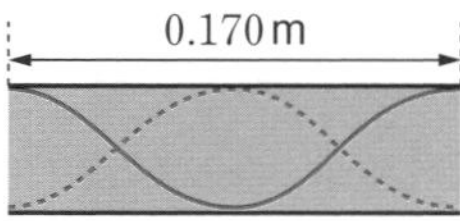

波長は，図より，管の長さと同じであることがわかる。したがって，

$\lambda=l=0.170\ \text{m}$

$V=f\lambda$ より，固有振動数は

$f=\dfrac{V}{\lambda}=\dfrac{340\ \text{m/s}}{0.170\ \text{m}}=2000\ \text{Hz}=2.00\times10^3\ \text{Hz}$

答 波長 0.170 m，固有振動数 2.00×10^3 Hz

1 長さ 0.340 m の開管内の気柱に基本振動が生じている場合，気柱の振動のようすと波長，固有振動数を求めよ。空気中を伝わる音の速さは 340 m/s とする。なお，（　）内には数値を，〔　〕内には単位を入れよ。

定常波のようすは右図のようになる。波長は，図より，管の長さの 2 倍である。

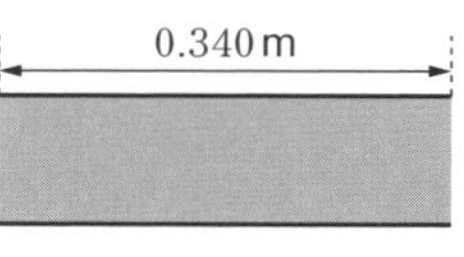

$\lambda=2\times$（ア　　）〔イ　　〕$=0.680$ m

$V=f\lambda$ より，固有振動数は

$f=\dfrac{V}{\lambda}=\dfrac{(\text{ウ}\quad)[\text{エ}\quad]}{(\text{オ}\quad)[\text{カ}\quad]}$

$=500$ Hz

2 長さ 0.680 m の開管内の気柱に基本振動が生じている場合，気柱の振動のようすと波長，固有振動数を求めよ。なお，空気中を伝わる音の速さは 340 m/s とする。

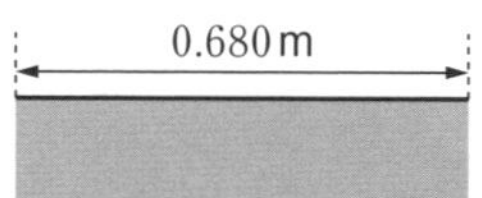

波長
固有振動数

3 長さ 0.340 m の開管内の気柱に 2 倍振動が生じている場合，気柱の振動のようすと波長，固有振動数を求めよ。空気中を伝わる音の速さは 340 m/s とする。なお，（　）内には数値を，〔　〕内には単位を入れよ。

定常波のようすは右図のようになる。波長は，図より，管の長さと同じである。

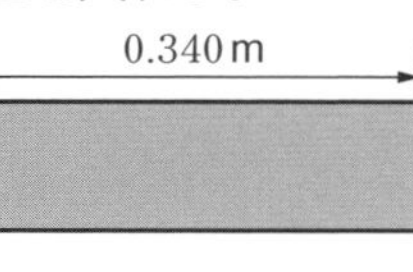

$\lambda=$（ア　　）〔イ　　〕

固有振動数は

$f=\dfrac{V}{\lambda}=\dfrac{(\text{ウ}\quad)[\text{エ}\quad]}{(\text{オ}\quad)[\text{カ}\quad]}=1000$ Hz

$=1.00\times10^3$ Hz

4 長さ 0.680 m の開管内の気柱に 2 倍振動が生じている場合，気柱の振動のようすと波長，固有振動数を求めよ。なお，空気中を伝わる音の速さは 340 m/s とする。

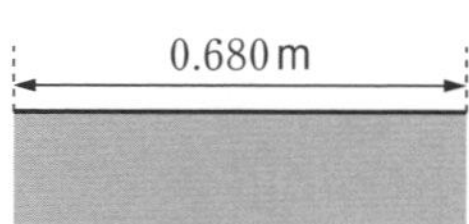

波長
固有振動数

 開管の場合，両端を腹とする定常波が生じる。

例題 3 閉管の基本振動

長さ 0.170 m の閉管内の気柱に基本振動が生じている場合，気柱の振動のようすと波長，固有振動数を求めよ。なお，空気中を伝わる音の速さは 340 m/s とする。

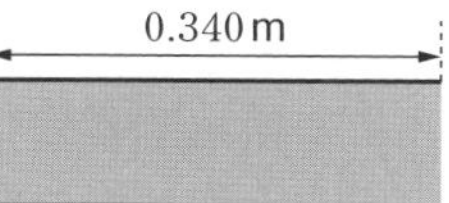

解法 定常波のようすは右図のようになる。
波長は，図より，管の長さの 4 倍であることがわかる。したがって，

$\lambda=4l=4\times0.170\ \text{m}=0.680\ \text{m}$

$V=f\lambda$ より，固有振動数は

$f=\dfrac{V}{\lambda}=\dfrac{340\ \text{m/s}}{0.680\ \text{m}}=500\ \text{Hz}$

答 波長 0.680 m，固有振動数 500 Hz

5 長さ 0.340 m の閉管内の気柱に基本振動が生じている場合，気柱の振動のようすと波長，固有振動数を求めよ。空気中を伝わる音の速さは 340 m/s とする。なお，(　　)内には数値を，〔　　〕内には単位を入れよ。

定常波のようすは右図のようになる。波長は，図より，管の長さの 4 倍であることがわかる。したがって，

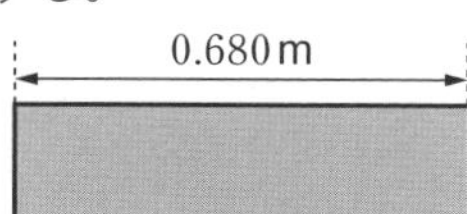

$\lambda=4\times$ (ア　　　　)〔イ　　〕

$=1.36$ m

$V=f\lambda$ より，固有振動数は

$f=\dfrac{V}{\lambda}=\dfrac{(\text{ウ}\quad)〔\text{エ}\quad〕}{(\text{オ}\quad)〔\text{カ}\quad〕}$

$=250$ Hz

6 長さ 0.680 m の閉管内の気柱に基本振動が生じている場合，気柱の振動のようすと波長，固有振動数を求めよ。なお，空気中を伝わる音の速さは 340 m/s とする。

0.680 m

波長

固有振動数

例題 4 閉管の 3 倍振動

長さ 0.300 m の閉管内の気柱に 3 倍振動が生じている場合，気柱の振動のようすと波長，固有振動数を求めよ。なお，空気中を伝わる音の速さは 340 m/s とする。

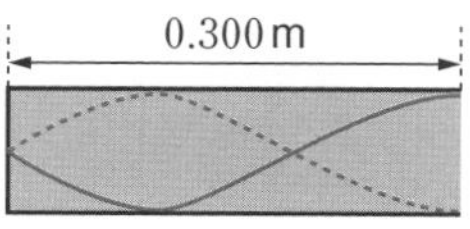

解法 定常波のようすは右図のようになる。
波長は，図より，管の長さの $\dfrac{4}{3}$ 倍であることがわかる。したがって，

$\lambda=\dfrac{4}{3}l=\dfrac{4}{3}\times0.300\ \text{m}=0.400\ \text{m}$

$V=f\lambda$ より，固有振動数は，

$f=\dfrac{V}{\lambda}=\dfrac{340\ \text{m/s}}{0.400\ \text{m}}=850\ \text{Hz}$

答 波長 0.400 m，固有振動数 850 Hz

7 長さ 0.600 m の閉管内の気柱に 3 倍振動が生じている場合，気柱の振動のようすと波長，固有振動数を求めよ。空気中を伝わる音の速さは 340 m/s とする。なお，(　　)内には数値を，〔　　〕内には単位を入れよ。

定常波のようすは右図のようになる。波長は，図より，管の長さの $\dfrac{4}{3}$ 倍であることがわかる。したがって，

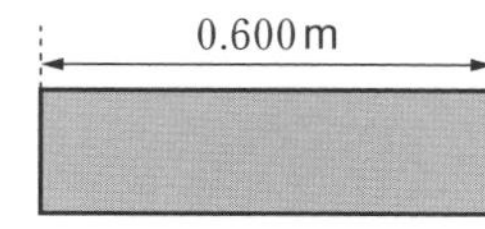

$\lambda=\dfrac{4}{3}\times$ (ア　　　　)〔イ　　〕$=0.800$ m

$V=f\lambda$ より，固有振動数は

$f=\dfrac{V}{\lambda}=\dfrac{(\text{ウ}\quad)〔\text{エ}\quad〕}{(\text{オ}\quad)〔\text{カ}\quad〕}$

$=425$ Hz

8 長さ 0.150 m の閉管内の気柱に 3 倍振動が生じている場合，気柱の振動のようすと波長，固有振動数を求めよ。空気中を伝わる音の速さは 340 m/s とする。

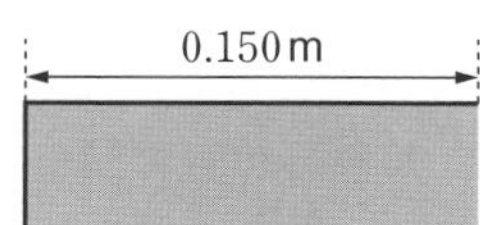

波長

固有振動数

閉管の場合，閉じた端が節，開いた端が腹の定常波が生じる。

8 電流と電子

例題 1 静電気

物体A，B，Cがあり，3つの物体はそれぞれ帯電(電気をもっている)しているが，正に帯電しているか負に帯電しているかはわからない。Aは電子を失って帯電したという。いま，AとBを近づけたところ，互いに引きあった。また，AとCを近づけたところ，互いに反発した。次の問いに答えよ。

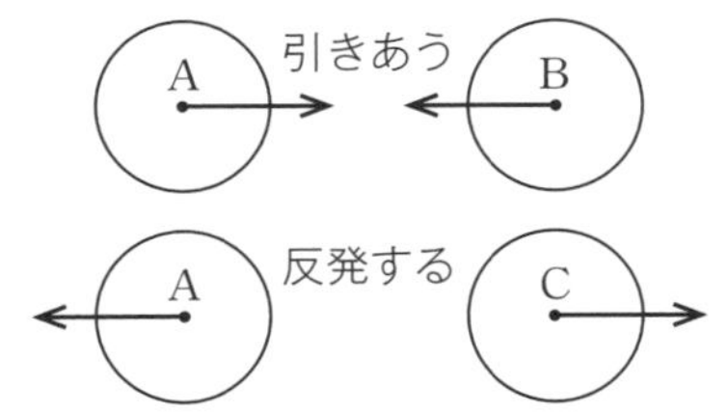

(1) Aは正に帯電しているか，負に帯電しているか。

(2) Bは正に帯電しているか，負に帯電しているか。

(3) Cは正に帯電しているか，負に帯電しているか。

解法 (1) 電子の電荷は負である。したがって，Aは電子を失ったということから，Aは正に帯電している。　**答 正に帯電している**

(2) AとBを近づけたところ，互いに引きあったということから，AとBの電荷は異符号である。Aが正に帯電していることより，Bは負に帯電している。　**答 負に帯電している**

(3) (2)と同様に考えればよい。AとCを近づけたところ，互いに反発したことより，Cは正に帯電している。　**答 正に帯電している**

1 物体A，B，Cがあり，3つの物体はそれぞれ帯電しているが，正に帯電しているか負に帯電しているかはわからない。Aは電子をもらって帯電したという。AとBは反発し，AとCは引きあった。(　　)内に語句を入れよ。

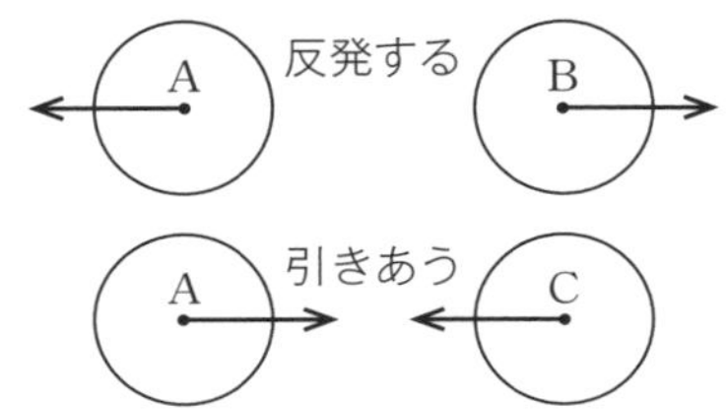

(1) Aは正に帯電しているか，負に帯電しているか。

電子の電荷は(ア　　)である。したがって，Aは電子をもらったということから，Aは(イ　　)に帯電している。

(2) Bは正に帯電しているか，負に帯電しているか。

AとBを近づけたところ，互いに反発したということから，AとBの電荷は(ウ　　)符号である。Aが(エ　　)に帯電していることより，Bは(オ　　)に帯電している。

(3) Cは正に帯電しているか，負に帯電しているか。

AとCを近づけたところ，互いに引きあったことより，Cは(カ　　)に帯電している。

2 物体A，B，Cがあり，3つの物体はそれぞれ帯電しているが，正に帯電しているか負に帯電しているかはわからない。AとBは引きあい，AとCは反発した。次の問いに答えよ。

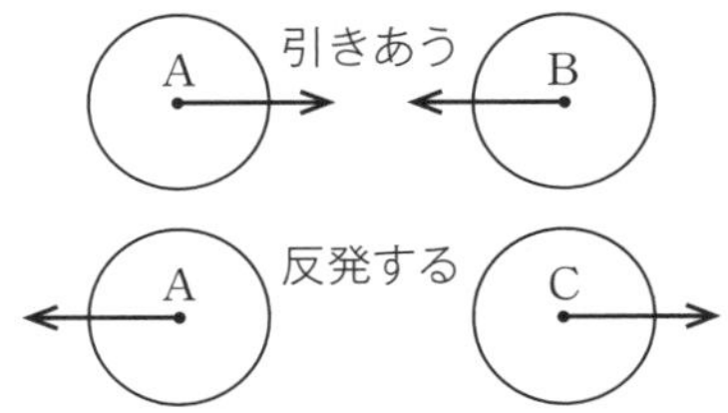

(1) BとCは反発するか，引きあうか。

(2) 負に帯電した棒をAに近づけたところ，Aは棒に引かれた。3つの物体の帯電は正か負か。

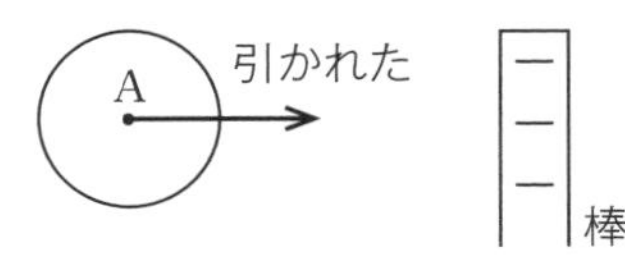

A：　　B：　　C：

帯電した物体どうしが反発する場合は同符号，引きあう場合は異符号の電荷であると判断できる。

例題 2 電子の移動

アクリル定規を絹布でこすると，絹布は負に帯電した。次の問いに答えよ。

(1) 電子は，どちらからどちらに移動したか。

(2) 絹布の帯電量は -3.2×10^{-10} C であった。これより，物体間を移動した電子の個数を求めよ。電気素量を 1.6×10^{-19} C とする。

解法 (1) 絹布が負に帯電したということは，電子が絹布に移動したことを表す。

答 電子の移動：アクリル定規 ⇒ 絹布

(2) 1個の電子の電気量は -1.6×10^{-19} C である。絹布の帯電量を，1個の電子の電気量で割れば，物体間を移動した電子の個数 N を求めることができる。したがって，

$$N=\frac{-3.2\times10^{-10}}{-1.6\times10^{-19}}=2.0\times10^{9}\text{ 個}$$

答 2.0×10^{9} 個

3 ガラス棒を紙でこすると，ガラス棒は正に帯電した。(　)内には数値や語句を，〔　〕内には単位を入れよ。

(1) 電子は，どちらからどちらに移動したか。

ガラス棒が正に帯電したということは，電子が(ア　　)から(イ　　)に移動したことを表す。

電子の移動：(ウ　　)⇒(エ　　)

(2) ガラス棒の帯電量は 2.4×10^{-14} C であった。これより，物体間を移動した電子の個数を求めよ。電気素量を 1.6×10^{-19} C とする。

紙の帯電量は(オ　　)〔カ　〕である。紙の帯電量を，1個の電子の電気量で割れば，物体間を移動した電子の個数 N を求めることができる。したがって，

$$N=\frac{(\text{キ}\quad)〔\text{ク}\quad〕}{(\text{ケ}\quad)〔\text{コ}\quad〕}$$

$=1.5\times10^{5}$ 個

4 アクリル定規を絹布でこすると，電子はアクリル定規から絹布に移動した。次の問いに答えよ。

(1) 負に帯電したのはどちらか。

(2) 2つの物体はともに帯電量の絶対値が 6.4×10^{-10} C であった。これより，物体間を移動した電子の個数を求めよ。電気素量を 1.6×10^{-19} C とする。

例題 3 導線を流れる電流

電流と電気量について，次の問いに答えよ。

(1) ある導線に 0.10 A の電流が 10 s 間流れた。運ばれた電気量を求めよ。

(2) ある導線の断面を 20 s 間に 20 C の電気量が運ばれた。流れた電流の大きさを求めよ。

解法 (1) 時間 t〔s〕間に導線の断面を通過する電気量 Q〔C〕と電流の大きさ I〔A〕の関係は，

$$I=\frac{Q}{t}$$

となる。したがって，変形すると，

$Q=It=0.10\text{ A}\times10\text{ s}=1.0\text{ C}$ **答 1.0 C**

(2) 時間 t〔s〕間に導線の断面を通過する電気量 Q〔C〕と電流の大きさ I〔A〕の関係は，$I=\frac{Q}{t}$ で与えられることより，

$I=\frac{Q}{t}=\frac{20\text{ C}}{20\text{ s}}=1.0\text{ A}$ **答 1.0 A**

5 電流と電気量について，次の問いに答えよ。なお，(　)内には数値を，〔　〕内には単位を入れよ。

(1) ある導線に 0.20 A の電流が 30 s 間流れた。運ばれた電気量を求めよ。

$I=\frac{Q}{t}$ となることより，

$Q=It=$(ア　　)〔イ　〕×(ウ　　)〔エ　〕

$=6.0$ C

(2) ある導線の断面を 20 s 間に 30 C の電気量が運ばれた。流れた電流の大きさを求めよ。

$I=\frac{Q}{t}$ となることより，

$$I=\frac{Q}{t}=\frac{(\text{オ}\quad)〔\text{カ}\quad〕}{(\text{キ}\quad)〔\text{ク}\quad〕}=1.5\text{ A}$$

☑ I〔A〕：電流の大きさ　Q〔C〕：電気量　t〔s〕：時間

9 オームの法則①

例題 1 オームの法則

次の問いに答えよ。

(1) 3.0 Ωの抵抗に，1.0 A の電流を流すのに必要な電圧を求めよ。

(2) 5.0 Ωの抵抗に 2.0 V の電圧を加えた。抵抗に流れる電流の大きさを求めよ。

(3) ある抵抗に，50 V の電圧を加えたところ，抵抗には 2.0 A の大きさの電流が流れた。この抵抗の抵抗値を求めよ。

解法 (1) オームの法則 $V=RI$ より，

$V=RI=3.0\ \Omega\times1.0\ \text{A}=3.0\ \text{V}$　　**答 3.0 V**

(2) オームの法則 $V=RI$ を変形して，

$I=\dfrac{V}{R}=\dfrac{2.0\ \text{V}}{5.0\ \Omega}=0.40\ \text{A}$　　**答 0.40 A**

(3) $R=\dfrac{V}{I}=\dfrac{50\ \text{V}}{2.0\ \text{A}}=25\ \Omega$　　**答 25 Ω**

1 次の問いに答えよ。なお，(　　)内には数値を，〔　　〕内には単位を入れよ。

(1) 2.0 Ωの抵抗に，0.50 A の電流を流すのに必要な電圧を求めよ。

オームの法則 $V=RI$ より，

$V=RI$

$=$(ア　　)〔イ　　〕×(ウ　　)〔エ　　〕

$=1.0$ V

(2) 4.0 Ωの抵抗に 1.0 V の電圧を加えた。抵抗に流れる電流の大きさを求めよ。

$I=\dfrac{V}{R}=\dfrac{(オ\quad)〔カ\quad〕}{(キ\quad)〔ク\quad〕}$

$=0.25$ A

(3) ある抵抗に，100 V の電圧を加えたところ，抵抗には 0.50 A の大きさの電流が流れた。この抵抗の抵抗値を求めよ。

$R=\dfrac{V}{I}=\dfrac{(ケ\quad)〔コ\quad〕}{(サ\quad)〔シ\quad〕}=200\ \Omega$

$=2.0\times10^2\ \Omega$

2 次の問いに答えよ。

(1) 4.0 Ωの抵抗に，2.0 A の大きさの電流を流すのに必要な電圧を求めよ。

(2) 20 Ωの抵抗に 3.0 V の電圧を加えた。抵抗に流れる電流の大きさを求めよ。

(3) ある抵抗に，10 V の電圧を加えたところ，抵抗には 0.10 A の大きさの電流が流れた。この抵抗の抵抗値を求めよ。

例題 2 電気抵抗

3 つの抵抗①，②，③を用意し，それぞれの抵抗について抵抗に流れる電流と抵抗に加えた電圧の関係を調べたところ，グラフのようになった。抵抗①の値を求めよ。

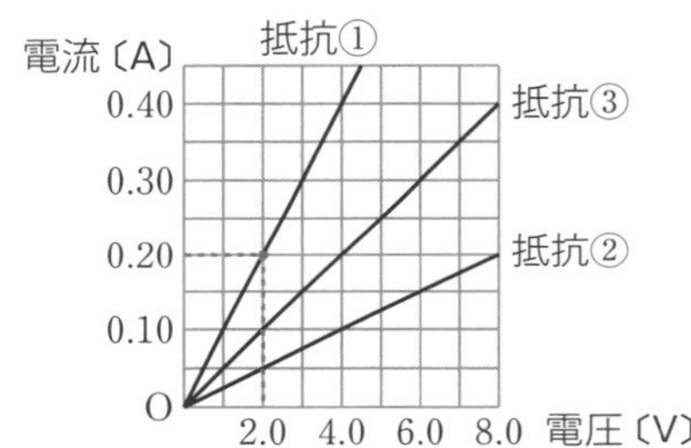

解法 グラフの通る点(2.0 V のときに 0.20 A である)を考えて，オームの法則 $V=RI$ より求める。

抵抗①：$R=\dfrac{V}{I}=\dfrac{2.0\ \text{V}}{0.20\ \text{A}}=10\ \Omega$　　**答 10 Ω**

3 例題 2 のグラフより，抵抗②の値を求めよ。なお，(　　)内には数値を，〔　　〕内には単位を入れよ。

グラフの通る点(4.0 V のときに 0.10 A である)を考えて，

抵抗②：$R=\dfrac{V}{I}=\dfrac{(ア\quad)〔イ\quad〕}{(ウ\quad)〔エ\quad〕}$

$=40\ \Omega$

4 例題 2 のグラフより，抵抗③の値を求めよ。

☑ V〔V〕：電圧　R〔Ω〕：抵抗　I〔A〕：電流

例題 3 抵抗の直列接続

40 Ωと 20 Ωの抵抗を直列接続し，30 V の電源に接続した。次の問いに答えよ。

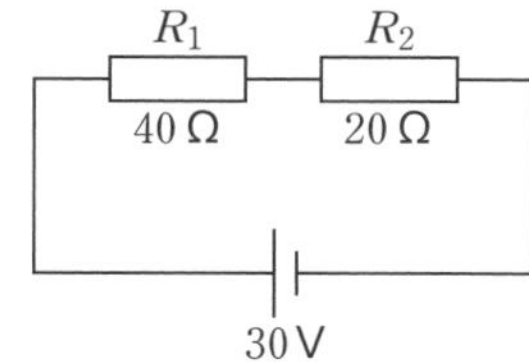

(1) 合成抵抗を求めよ。

(2) 各抵抗に流れる電流の大きさを求めよ。

解法 (1) 合成抵抗 R は，

$R=R_1+R_2=40+20=60\ \Omega$ 　　**答 60 Ω**

(2) 合成抵抗が 60 Ω，電圧が 30 V であるから，回路全体に流れる電流は，オームの法則より，

$I=\dfrac{V}{R}=\dfrac{30}{60}=0.50\ \mathrm{A}$

となる。直列接続なので，各抵抗に流れる電流も 0.50 A である。　　**答 どちらも 0.50 A**

5 20 Ωと 30 Ωの抵抗を直列接続し，40 V の電源に接続した。次の問いに答えよ。なお，(　　)内には数値を，〔　　〕内には単位を入れよ。

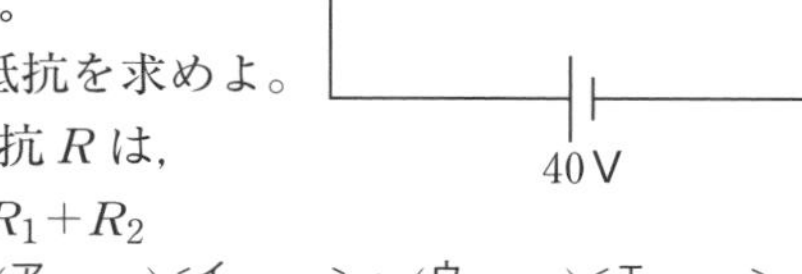

(1) 合成抵抗を求めよ。

合成抵抗 R は，

$R=R_1+R_2$

$=$(ア　　)〔イ　　〕$+$(ウ　　)〔エ　　〕

$=50\ \Omega$

(2) 各抵抗に流れる電流の大きさを求めよ。

合成抵抗が(オ　　)〔カ　　〕，電圧が(キ　　)〔ク　　〕であるから，回路全体に流れる電流は，

$I=\dfrac{V}{R}=\dfrac{(\text{ケ}\quad)〔\text{コ}\quad〕}{(\text{サ}\quad)〔\text{シ}\quad〕}=0.80\ \mathrm{A}$

となる。直列接続なので，各抵抗に流れる電流も(ス　　)A である。

6 12 Ωと 24 Ωの抵抗を直列接続し，7.2 V の電源に接続した。合成抵抗と回路全体に流れる電流の大きさを求めよ。

合成抵抗

電流

例題 4 抵抗の並列接続

30 Ωと 10 Ωの抵抗を並列接続し，3.0 V の電源に接続した。次の問いに答えよ。

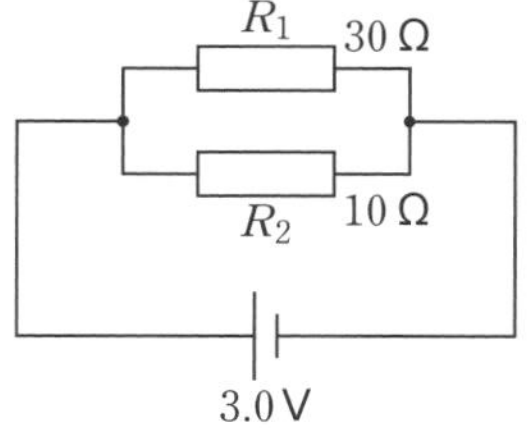

(1) 合成抵抗を求めよ。

(2) 回路全体に流れる電流の大きさを求めよ。

解法

(1) $\dfrac{1}{R}=\dfrac{1}{R_1}+\dfrac{1}{R_2}=\dfrac{1}{30\ \Omega}+\dfrac{1}{10\ \Omega}=\dfrac{4}{30}\ \dfrac{1}{\Omega}$

よって，合成抵抗 R は，

$R=\dfrac{30}{4}\ \Omega=7.5\ \Omega$ 　　**答 7.5 Ω**

(2) 合成抵抗が 7.5 Ω，電源の電圧が 3.0 V であるから，回路全体に流れる電流は，

$I=\dfrac{V}{R}=\dfrac{3.0\ \mathrm{V}}{7.5\ \Omega}=0.40\ \mathrm{A}$ 　　**答 0.40 A**

7 40 Ωと 60 Ωの抵抗を並列接続し，7.2 V の電源に接続した。次の問いに答えよ。なお，(　　)内には数値を，〔　　〕内には単位を入れよ。

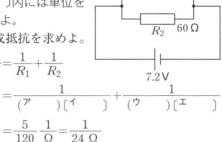

(1) 合成抵抗を求めよ。

$\dfrac{1}{R}=\dfrac{1}{R_1}+\dfrac{1}{R_2}$

$=\dfrac{1}{(\text{ア}\quad)〔\text{イ}\quad〕}+\dfrac{1}{(\text{ウ}\quad)〔\text{エ}\quad〕}$

$=\dfrac{5}{120}\ \dfrac{1}{\Omega}=\dfrac{1}{24\ \Omega}$

よって，合成抵抗 R は，

$R=$(オ　　)〔カ　　〕

(2) 回路全体に流れる電流の大きさを求めよ。

回路全体に流れる電流 I は，

$I=\dfrac{V}{R}=\dfrac{(\text{キ}\quad)〔\text{ク}\quad〕}{(\text{ケ}\quad)〔\text{コ}\quad〕}=0.30\ \mathrm{A}$

8 12 Ωと 24 Ωの抵抗を並列接続した。合成抵抗を求めよ。

合成抵抗は，直列接続の場合は各抵抗より大きくなり，並列接続の場合は小さくなる。

10 オームの法則②

例題 1 合成抵抗①

3つの抵抗 24 Ω，60 Ω，90 Ω を用いて，図のような回路を構成した。次の問いに答えよ。

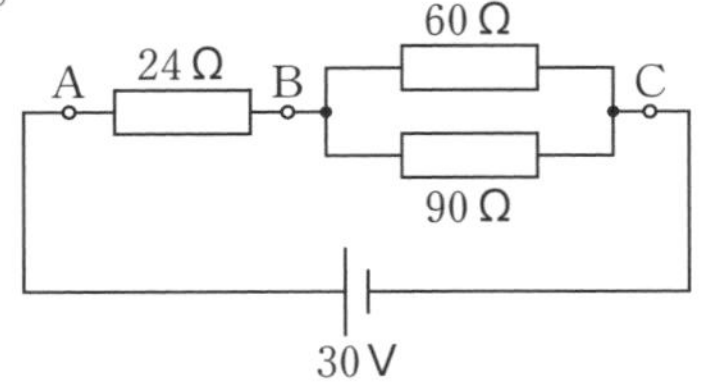

(1) AC 間の合成抵抗を求めよ。

(2) 回路全体に流れる電流の大きさを求めよ。

解法 (1) BC 間の合成抵抗は，

$\frac{1}{R}=\frac{1}{60}+\frac{1}{90}=\frac{5}{180}\ \frac{1}{\Omega}\qquad R=\frac{180}{5}=36\ \Omega$

AC 間の合成抵抗は，

24 Ω＋36 Ω＝60 Ω　**答 60 Ω**

(2) 回路全体の合成抵抗は 60 Ω，電圧が 30 V であることより，回路全体に流れる電流は，

$I=\frac{V}{R}=\frac{30\ \text{V}}{60\ \Omega}=0.50\ \text{A}$　**答 0.50 A**

1 3つの抵抗 14 Ω，15 Ω，10 Ω を用いて，図のような回路を構成した。次の問いに答えよ。なお，(　　)内には数値を，〔　　〕内には単位を入れよ。

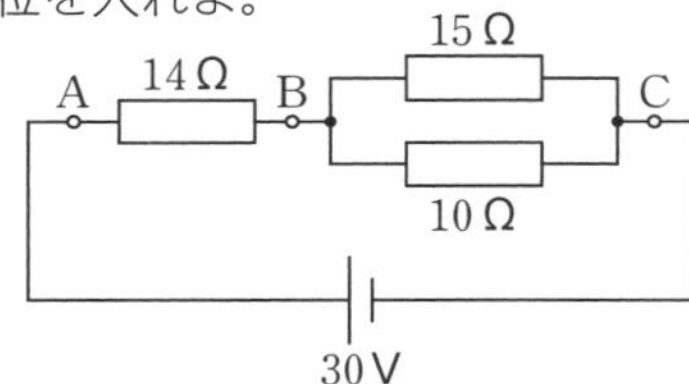

(1) AC 間の合成抵抗を求めよ。

BC 間の合成抵抗は，

$\frac{1}{R}=\frac{1}{(ア\quad)}+\frac{1}{(イ\quad)}=\frac{5}{30}\ \frac{1}{\Omega}$

$R=\frac{(ウ\quad)}{5}〔エ\quad〕=6.0\ \Omega$

AC 間の合成抵抗は，

(オ　　)〔カ　　〕＋(キ　　)〔ク　　〕

＝20 Ω

(2) 回路全体に流れる電流の大きさを求めよ。

回路全体に流れる電流は，

$I=\frac{V}{R}=\frac{(ケ\quad)〔コ\quad〕}{(サ\quad)〔シ\quad〕}=1.5\ \text{A}$

2 3つの抵抗 20 Ω，60 Ω，40 Ω を用いて，図のような回路を構成した。次の問いに答えよ。

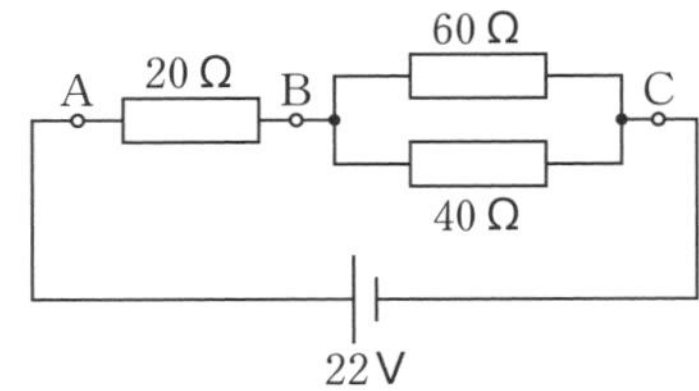

(1) AC 間の合成抵抗を求めよ。

(2) 回路全体に流れる電流の大きさを求めよ。

例題 2 合成抵抗②

3つの抵抗 10 Ω，20 Ω，30 Ω を用いて，図のような回路を構成した。次の問いに答えよ。

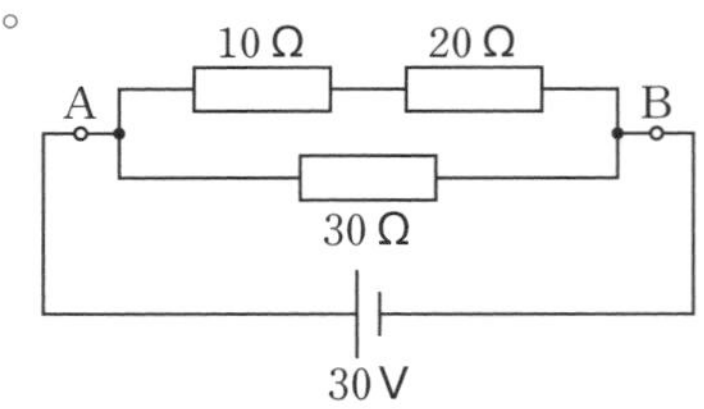

(1) AB 間の合成抵抗を求めよ。

(2) 各抵抗に流れる電流の大きさを求めよ。

解法 (1) 直列接続の合成抵抗は

10 Ω＋20 Ω＝30 Ω

30 Ω と 30 Ω の並列接続の合成抵抗は，

$\frac{1}{R}=\frac{1}{30\ \Omega}+\frac{1}{30\ \Omega}=\frac{2}{30}\ \frac{1}{\Omega}=\frac{1}{15\ \Omega}$

よって，AB 間の合成抵抗は 15 Ω　**答 15 Ω**

 抵抗の直列接続，並列接続の合成抵抗を考える。

(2) 回路全体に流れる電流は，

$$I=\frac{V}{R}=\frac{30\ \text{V}}{15\ \Omega}=2.0\ \text{A}$$

30 Ωの抵抗に加わる電圧は 30 V であることより，流れる電流は

$$I=\frac{V}{R}=\frac{30\ \text{V}}{30\ \Omega}=1.0\ \text{A}$$

したがって，10 Ω，20 Ωに流れる電流はともに 2.0 A－1.0 A＝1.0 A である。

答 10 Ω：1.0 A　20 Ω：1.0 A　30 Ω：1.0 A

3 3つの抵抗 12 Ω，24 Ω，72 Ωを用いて，図のような回路を構成した。次の問いに答えよ。なお，(　　)内には数値を，〔　　〕内には単位を入れよ。

(1) AB 間の合成抵抗を求めよ。

直列接続の合成抵抗は

(ア　　)〔イ　　〕＋(ウ　　)〔エ　　〕

＝36 Ω

これと 72 Ωの並列接続の合成抵抗は，

$$\frac{1}{R}=\frac{1}{(\text{オ}\quad)〔\text{カ}\quad〕}+\frac{1}{(\text{キ}\quad)〔\text{ク}\quad〕}$$

$$=\frac{3}{72}\,\frac{1}{\Omega}=\frac{1}{24\ \Omega}$$

よって，AB 間の合成抵抗は(ケ　　)〔コ　　〕

(2) 各抵抗に流れる電流の大きさを求めよ。

回路全体に流れる電流は，

$$I=\frac{V}{R}=\frac{(\text{サ}\quad)〔\text{シ}\quad〕}{(\text{ス}\quad)〔\text{セ}\quad〕}$$

＝1.0 A

72 Ωの抵抗に加わる電圧は 24 V であることより，流れる電流は

$$I=\frac{V}{R}=\frac{(\text{ソ}\quad)〔\text{タ}\quad〕}{(\text{チ}\quad)〔\text{ツ}\quad〕}$$

＝0.333…A≒0.33 A

したがって，12 Ω，24 Ωに流れる電流はともに 1.0 A－0.33 A＝0.67 A である。

4 3つの抵抗 20 Ω，40 Ω，30 Ωを用いて，図のような回路を構成した。次の問いに答えよ。

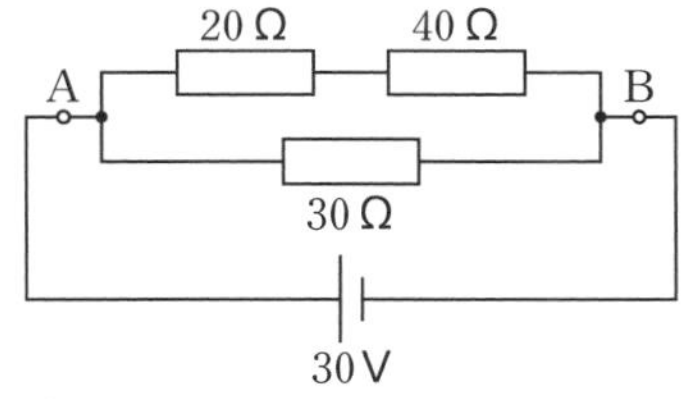

(1) AB 間の合成抵抗を求めよ。

(2) 各抵抗に流れる電流の大きさを求めよ。

20 Ω：　　　40 Ω：　　　30 Ω：

例題 3 金属の抵抗率

ニクロムの抵抗率は $1.1\times10^{-6}\ \Omega\cdot\text{m}$ である。断面積が $1.0\times10^{-6}\ \text{m}^2$，長さが 2.0 m のニクロム線の抵抗値を求めよ。

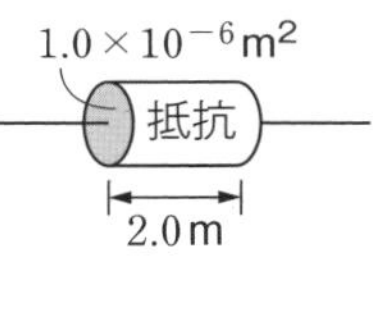

解法 抵抗 R は，抵抗率 ρ，抵抗の断面積 S，抵抗の長さ l とすると，$R=\rho\frac{l}{S}$ で表される。

$$R=\rho\frac{l}{S}=1.1\times10^{-6}\ \Omega\cdot\text{m}\times\frac{2.0\ \text{m}}{1.0\times10^{-6}\ \text{m}^2}$$

＝2.2 Ω

答 2.2 Ω

5 ニクロムの抵抗率は $1.1\times10^{-6}\ \Omega\cdot\text{m}$ である。断面積が $4.0\times10^{-6}\ \text{m}^2$，長さが 2.0 m のニクロム線の抵抗値を求めよ。なお，(　　)内には数値を，〔　　〕内には単位を入れよ。

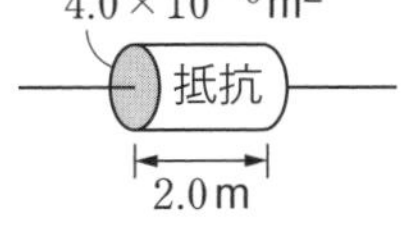

抵抗 R は，$R=\rho\frac{l}{S}$ で表される。

ρ＝(ア　　)〔イ　　〕

S＝(ウ　　)〔エ　　〕

l＝(オ　　)〔カ　　〕を代入すると，

$$R=\rho\frac{l}{S}$$

$$=(\text{キ}\quad)\times\frac{(\text{ク}\quad)}{(\text{ケ}\quad)}$$

＝0.55 Ω

R〔Ω〕：抵抗　ρ〔Ω・m〕：抵抗率　l〔m〕：抵抗の長さ　S〔m^2〕：抵抗の断面積

11 電力と電力量

例題 1 電力

次の問いに答えよ。

(1) 抵抗に 3.0 V の電圧を加えたところ，0.20 A の電流が流れた。抵抗の消費電力を求めよ。

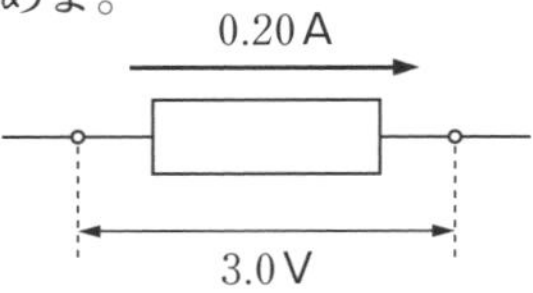

(2) 抵抗に 0.50 A の電流を流したところ，抵抗の消費電力が 2.0 W であった。抵抗に加えた電圧を求めよ。

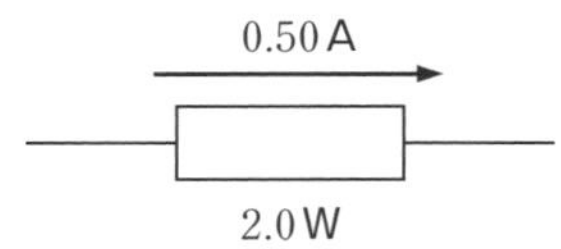

(3) 抵抗に 3.0 V の電圧を加えたところ，抵抗の消費電力が 0.75 W であった。抵抗に流れた電流の大きさを求めよ。

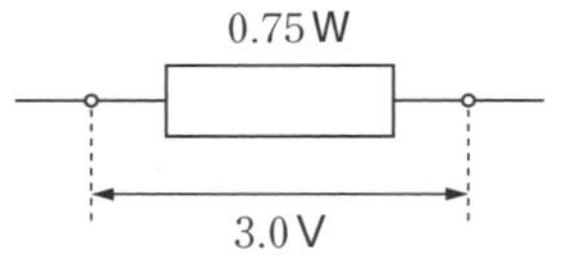

解法 (1) 電力の式 $P=IV$ より

$P=IV=0.20\ \mathrm{A}\times3.0\ \mathrm{V}=0.60\ \mathrm{W}$ 　**答 0.60 W**

(2) $V=\dfrac{P}{I}=\dfrac{2.0\ \mathrm{W}}{0.50\ \mathrm{A}}=4.0\ \mathrm{V}$ 　**答 4.0 V**

(3) $I=\dfrac{P}{V}=\dfrac{0.75\ \mathrm{W}}{3.0\ \mathrm{V}}=0.25\ \mathrm{A}$ 　**答 0.25 A**

1 次の問いに答えよ。なお，(　　)内には数値を，〔　　〕内には単位を入れよ。

(1) 抵抗に 5.0 V の電圧を加えたところ，0.10 A の電流が流れた。抵抗の消費電力を求めよ。

電力の式 $P=IV$ より

$P=IV$

$=$ (ア　　)〔イ　　〕×(ウ　　)〔エ　　〕

$=0.50$ W

(2) 抵抗に 1.0 A の電流を流したところ，抵抗の消費電力が 3.0 W であった。抵抗に加えた電圧を求めよ。

$V=\dfrac{P}{I}=\dfrac{(\text{オ}\quad)〔\text{カ}\quad〕}{(\text{キ}\quad)〔\text{ク}\quad〕}$

$=3.0$ V

(3) 抵抗に 5.0 V の電圧を加えたところ，抵抗の消費電力が 2.5 W であった。抵抗に流れた電流の大きさを求めよ。

$I=\dfrac{P}{V}=\dfrac{(\text{ケ}\quad)〔\text{コ}\quad〕}{(\text{サ}\quad)〔\text{シ}\quad〕}$

$=0.50$ A

2 次の問いに答えよ。

(1) 抵抗に 4.0 V の電圧を加えたところ，0.25 A の電流が流れた。抵抗の消費電力を求めよ。

(2) 抵抗に 0.40 A の電流を流したところ，抵抗の消費電力が 1.0 W であった。抵抗に加えた電圧を求めよ。

(3) 抵抗に 4.0 V の電圧を加えたところ，抵抗の消費電力が 3.6 W であった。抵抗に流れた電流の大きさを求めよ。

例題 2 ジュールの法則

100 V の電圧を加えると，5.0 A の電流が流れる電熱器がある。次の問いに答えよ。

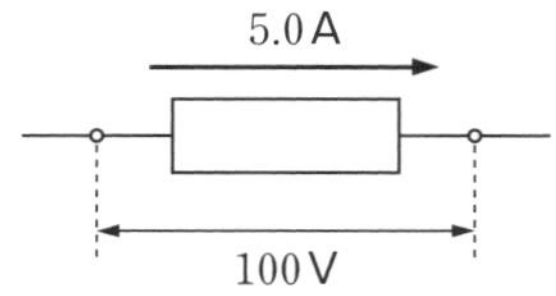

(1) この電熱器の消費電力を求めよ。

(2) 60 s 間で発生するジュール熱を求めよ。

解法 (1) 電力の式 $P=IV$ より

$P=IV=5.0\ \mathrm{A}\times100\ \mathrm{V}$

$=5.0\times10^2\ \mathrm{W}$ 　**答 5.0×10^2 W**

(2) 発生するジュール熱 Q は，

$Q=IVt=Pt$

$=5.0\times10^2\ \mathrm{W}\times60\ \mathrm{s}$

$=300\times10^2\ \mathrm{J}$

$=3.0\times10^4\ \mathrm{J}$ 　**答 3.0×10^4 J**

消費電力は $P=IV$ で，単位は〔W〕である。電力量は，消費電力と時間の積である。

3 40 V の電圧を加えると，2.0 A の電流が流れる電熱器がある。次の問いに答えよ。なお，(　　)内には数値を，〔　　〕内には単位を入れよ。

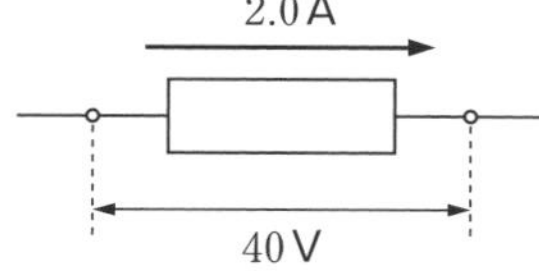

(1) この電熱器の消費電力を求めよ。

電力の式 $P=IV$ より

$P=IV$

$=($ア　　$)$〔イ　　〕$\times($ウ　　$)$〔エ　　〕

$=80$ W

(2) 20 s 間で発生するジュール熱を求めよ。

発生するジュール熱 Q は，

$Q=IVt=Pt$

$=($オ　　$)$〔カ　　〕$\times($キ　　$)$〔ク　　〕

$=1.6\times10^3$ J

4 50 V の電圧を加えると，3.0 A の電流が流れる電熱器がある。次の問いに答えよ。

(1) この電熱器の消費電力を求めよ。

(2) 30 s 間で発生するジュール熱を求めよ。

例題 3 消費電力

40 Ωと 20 Ωの抵抗を並列接続し，8.0 V の電源に接続した。各抵抗の消費電力を求めよ。

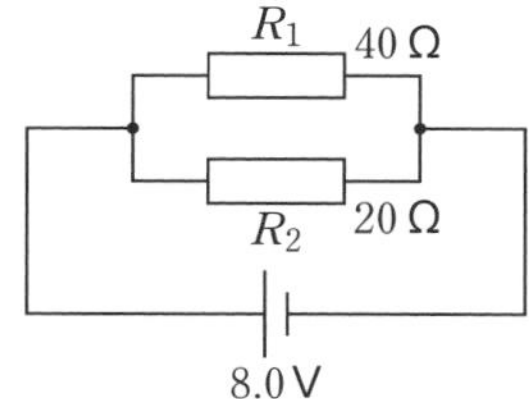

解法 並列接続の場合は，各抵抗に加わる電圧は電源の電圧に等しい。したがって，消費電力は，

40 Ω：$P_1=I_1V=\dfrac{V^2}{R_1}=\dfrac{(8.0\ \text{V})^2}{40\ \Omega}=1.6$ W

20 Ω：$P_2=I_2V=\dfrac{V^2}{R_2}=\dfrac{(8.0\ \text{V})^2}{20\ \Omega}=3.2$ W

答 40 Ω：1.6 W，20 Ω：3.2 W

5 25 Ωと 50 Ωの抵抗を並列接続し，5.0 V の電源に接続した。各抵抗の消費電力を求めよ。なお，(　　)内には数値を，〔　　〕内には単位を入れよ。

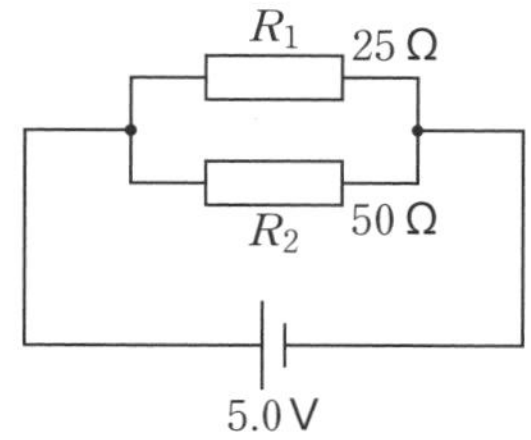

並列接続の場合は，各抵抗に加わる電圧は電源の電圧に等しい。したがって，消費電力は，

25 Ω：$P_1=I_1V=\dfrac{V^2}{R_1}$

$=\dfrac{((\text{ア}\quad)〔\text{イ}\quad〕)^2}{(\text{ウ}\quad)〔\text{エ}\quad〕}$

$=1.0$ W

50 Ω：$P_2=I_2V=\dfrac{V^2}{R_2}$

$=\dfrac{((\text{オ}\quad)〔\text{カ}\quad〕)^2}{(\text{キ}\quad)〔\text{ク}\quad〕}$

$=0.50$ W

6 30 Ωと 40 Ωの抵抗を並列接続し，6.0 V の電源に接続した。各抵抗の消費電力を求めよ。

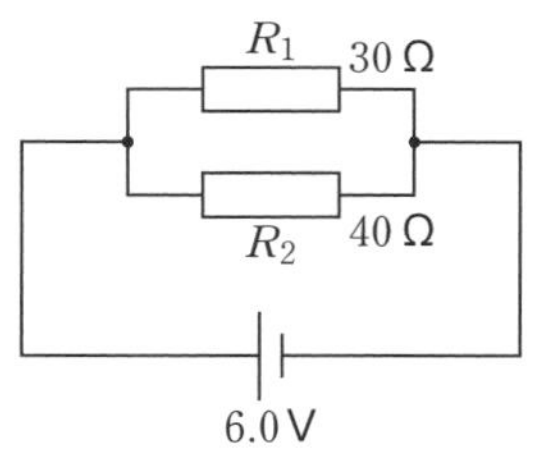

30 Ω：　　　40 Ω：

各抵抗で消費する電力の和は，合成抵抗と電源の電圧より求める消費電力に等しい。

12 発電と送電

例題 1 電磁誘導

図のように，磁石のN極を下方に動かし，コイルに近づけた。このとき，回路に流れる電流は(ア)の向きに流れた。次の問いに答えよ。

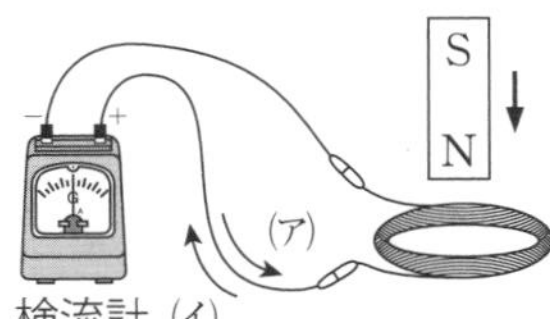

(1) 磁石のN極を上方に動かすと誘導電流はどちら向きに流れるか。

(2) 磁石の動かし方を速くすると，流れる電流の大きさはどうなるか。

解法 (1) コイルにN極を近づけると，コイルを貫く下向きの磁力線が増加して誘導電流が(ア)の向きに流れる。それに対して，N極を上方(コイルより遠ざける)に動かすと，コイルを貫く下向きの磁力線が減少する。したがって，誘導電流は(イ)の向きに流れる。 **答** (イ)

(2) コイルを貫く磁場の時間変化が大きいほど，誘導電流の大きさは大きくなる。**答** 大きくなる

1 図のように，磁石のN極を上方に動かし，コイルより遠ざけた。このとき，回路に流れる電流は(イ)の向きに流れた。(　　)内に語句を入れよ。

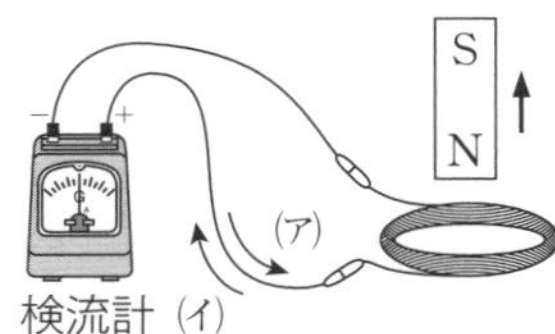

(1) 磁石のN極を下方に動かすと誘導電流はどちら向きに流れるか。

コイルよりN極を遠ざけると，コイルを貫く(ア　　)向きの磁力線が増加して誘導電流が(イ)の向きに流れる。それに対して，コイルにN極を近づけると，コイルを貫く(イ　　)向きの磁力線が増加して誘導電流が(ウ　　)の向きに流れる。

(2) 磁石の動かし方を速くすると，流れる電流の大きさはどうなるか。

コイルを貫く磁場の時間変化が大きいほど(エ　　　　　)の大きさは大きくなる。

2 図のように，磁石のS極を下方に動かし，コイルに近づけた。次の問いに答えよ。

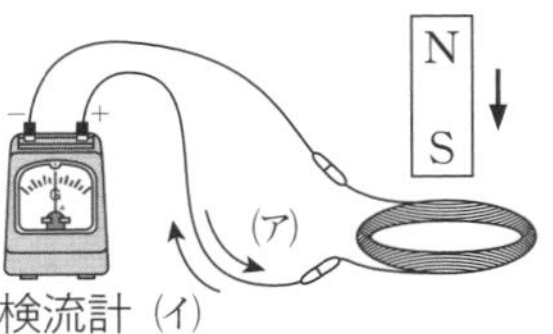

(1) 誘導電流はどちら向きに流れるか。

(2) 磁石の動かし方を遅くすると，流れる電流の大きさはどうなるか。

例題 2 電力の損失

送電線の抵抗は1.0 Ωである。次の問いに答えよ。

(1) 送電線に流れる電流が2.0 Aの場合，送電における電力損失を求めよ。

(2) 送電線に流れる電流が1.0 Aの場合，送電における電力損失を求めよ。

解法 (1) 送電線での電力損失 P は，

$P=RI^2=1.0\ \Omega\times(2.0\ \mathrm{A})^2$
$=4.0\ \mathrm{W}$ **答** 4.0 W

(2) 送電線での電力損失 P は，

$P=RI^2=1.0\ \Omega\times(1.0\ \mathrm{A})^2$
$=1.0\ \mathrm{W}$ **答** 1.0 W

3 送電線の抵抗は3.0 Ωである。次の問いに答えよ。なお，(　　)内には数値を，〔　　〕内には単位を入れよ。

(1) 送電線に流れる電流が0.50 Aの場合，送電における電力損失を求めよ。

送電線での電力損失 P は，

$P=RI^2$
=(ア　　)〔イ　　〕×((ウ　　)〔エ　　〕)^2
$=0.75\ \mathrm{W}$

 コイルを貫く磁力線が変化することで，コイルに誘導電流が流れる。

(2) 送電線に流れる電流が2.0 A の場合，送電における電力損失を求めよ。

送電線での電力損失 P は，

$P=RI^2$

$=($ア$\quad)[$カ$\quad]\times(($キ$\quad)[$ク$\quad])^2$

$=12$ W

例題 3 送電における電力損失

交流の電気を送電線によって家庭に届ける。100 W の電力を送電線で送ることを考え，送電線の抵抗は2.0 Ωであるとする。次の問いに答えよ。

(1) 電圧は1000 V であった。送電線を流れる電流の大きさを求めよ。

(2) 送電における電力損失を求めよ。

(3) 電圧を2000 V にする場合，送電における電力損失を求めよ。

解法 (1) 電力は $P=IV$ で与えられる。

よって，送電線を流れる電流の大きさ I_1 は，

$I_1=\dfrac{P}{V_1}=\dfrac{100\ \mathrm{W}}{1000\ \mathrm{V}}=0.100$ A　　答 **0.100 A**

(2) 送電線の抵抗は2.0 Ω，送電線を流れる電流は0.100 A である。したがって，送電線での電力損失 P_1 は，

$P_1=RI_1{}^2=2.0\ \Omega\times(0.100\ \mathrm{A})^2$

$=0.020$ W

$=2.0\times10^{-2}$ W　　答 **2.0×10^{-2} W**

(3) 2000 V の場合，送電線を流れる電流は，

$I_2=\dfrac{P}{V_2}=\dfrac{100\ \mathrm{W}}{2000\ \mathrm{V}}=5.00\times10^{-2}$ A

したがって，送電線での電力損失 P_2 は，

$P_2=RI_2{}^2=2.0\ \Omega\times(5.00\times10^{-2}\ \mathrm{A})^2$

$=50\times10^{-4}$ W

$=5.0\times10^{-3}$ W　　答 **5.0×10^{-3} W**

4 交流の電気を送電線によって家庭に届ける。40 W の電力を送電線で送ることを考え，送電線の抵抗は2.0 Ωであるとする。次の問いに答えよ。なお，(　　)内には数値を，〔　　〕内には単位を入れよ。

(1) 電圧は100 V であった。送電線を流れる電流の大きさを求めよ。

電力は $P=IV$ で与えられる。

よって，送電線を流れる電流の大きさ I_1 は，

$I_1=\dfrac{P}{V_1}=\dfrac{(\text{ア}\quad)[\text{イ}\quad]}{(\text{ウ}\quad)[\text{エ}\quad]}=0.40$ A

(2) 送電における電力損失を求めよ。

送電線の抵抗は2.0 Ω，送電線を流れる電流は0.40 A である。したがって，送電線での電力損失 P_1 は，

$P_1=RI_1{}^2$

$=($オ$\quad)[$カ$\quad]\times(($キ$\quad)[$ク$\quad])^2$

$=0.32$ W

(3) 電圧を200 V にする場合，送電における電力損失を求めよ。

200 V の場合，送電線を流れる電流は，

$I_2=\dfrac{P}{V_2}=\dfrac{(\text{ケ}\quad)[\text{コ}\quad]}{(\text{サ}\quad)[\text{シ}\quad]}=0.20$ A

したがって，送電線での電力損失 P_2 は，

$P_2=RI_2{}^2$

$=($ス$\quad)[$セ$\quad]\times(($ソ$\quad)[$タ$\quad])^2$

$=8.0\times10^{-2}$ W

5 交流の電気を送電線によって家庭に届ける。200 W の電力を送電線で送ることを考え，送電線の抵抗は5.0 Ωであるとする。次の問いに答えよ。

(1) 電圧は500 V であった。送電線を流れる電流の大きさを求めよ。

(2) 送電における電力損失を求めよ。

(3) 電圧を1000 V にする場合，送電における電力損失を求めよ。

13 交流と変圧

※以下の問題では，$\sqrt{2}=1.41$ として計算する。

例題 1 交流の発生

図のように，磁場中でコイルを回転させることにより，電圧を生じさせる。生じた電圧の時間変化は下のグラフのようになった。次の問いに答えよ。

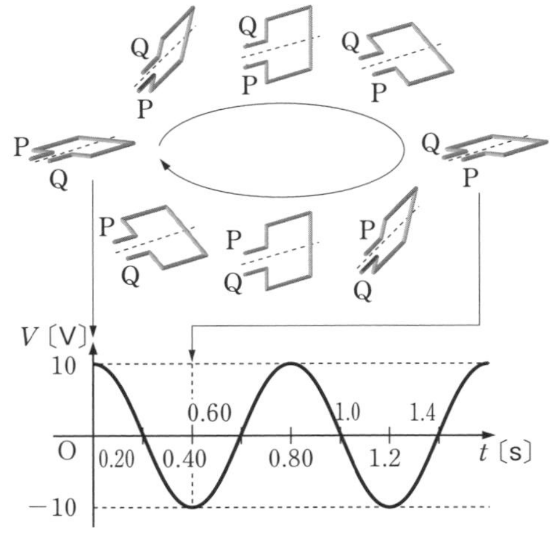

(1) 交流電圧の周期を求めよ。
(2) コイルが1回転する時間を求めよ。
(3) この交流電圧の実効値を求めよ。

解法 (1) 1回振動するのにかかる時間が周期 T〔s〕である。グラフより，交流の周期は 0.80 s である。

答 **0.80 s**

(2) コイルが1回転する時間は，交流の周期と等しい。したがって，グラフより 0.80 s である。

答 **0.80 s**

(3) 最大値 V_0 が 10 V であることより，実効値 V_e は，

$$V_e=\frac{V_0}{\sqrt{2}}=\frac{\sqrt{2}}{2}V_0=\frac{1.41}{2}\times 10\ \mathrm{V}$$
$$=7.05\ \mathrm{V}\fallingdotseq 7.1\ \mathrm{V}$$

答 **7.1 V**

1 例題1の図のように，磁場中でコイルを回転させることにより，電圧を生じさせる。生じた電圧の時間変化は下のグラフのようになった。次の問いに答えよ。なお，(　　)内には数値を，〔　　〕内には単位を入れよ。

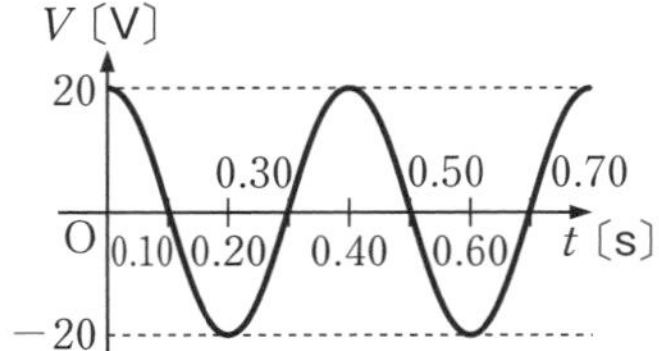

(1) 交流電圧の周期を求めよ。
グラフより，交流の周期は(ア　　　)〔イ　　〕である。

(2) コイルが1回転する時間を求めよ。
コイルが1回転する時間は，交流の周期と等しい。したがって，グラフより(ウ　　　)〔エ　　〕である。

(3) この交流電圧の実効値を求めよ。
最大値 V_0 が(オ　　)〔カ　　〕であることより，実効値 V_e は，

$$V_e=\frac{V_0}{(\text{キ}\qquad)}$$
$$=\frac{(\text{ク}\qquad)}{2}\times(\text{ケ}\qquad)〔\text{コ}\qquad〕$$
$$=14.1\ \mathrm{V}\fallingdotseq 14\ \mathrm{V}$$

2 例題1の図のように，磁場中でコイルを回転させることにより，電圧を生じさせる。生じた電圧の時間変化は下のグラフのようになった。次の問いに答えよ。

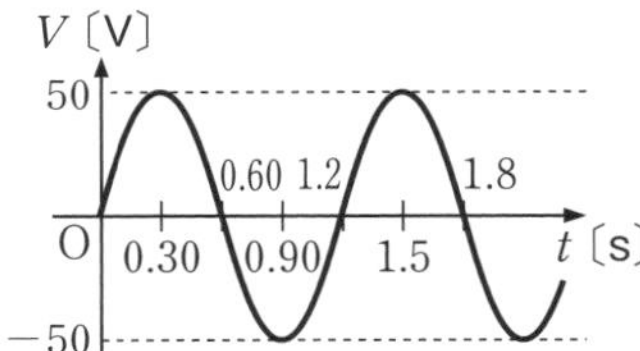

(1) 交流電圧の周期を求めよ。

(2) コイルが1回転する時間を求めよ。

(3) この交流電圧の実効値を求めよ。

 ☑ V_e〔V〕：実効値　V_0〔V〕：最大値

例題 2 交流の実効値

実効値について，次の問いに答えよ。

(1) 最大値が 50 V の交流と 50 V の直流がある。同じ性能の電球をこの交流に取り付けた場合と，直流に取り付けた場合ではどちらが明るいか。

(2) 50 V の直流と同じ明るさにするには，交流の最大値を何 V にすればよいか。

解法 (1) 同じ明るさになるのは交流の実効値が直流の値と同じ場合である。交流の実効値は 50 V よりも小さい。したがって，明るいのは直流の方である。 **答 直流**

(2) 実効値を 50 V にするためには，最大値を V_0 とすると，

$$50\ \mathrm{V}=\frac{V_0}{\sqrt{2}}$$

よって，最大値 V_0 は，

$$V_0=\sqrt{2}\times 50\ \mathrm{V}=1.41\times 50\ \mathrm{V}$$
$$=70.5\ \mathrm{V}\fallingdotseq 71\ \mathrm{V}$$

答 71 V

3 実効値について，次の問いに答えよ。なお，(　　)内には数値または語句を，〔　　〕内には単位を入れよ。

(1) 最大値が 100 V の交流と 100 V の直流がある。同じ性能の電球をこの交流に取り付けた場合と，直流に取り付けた場合ではどちらが明るいか。

同じ明るさになるのは交流の実効値が直流の値と同じ場合である。交流の実効値は (ア　　)〔イ　　〕よりも小さい。したがって，明るいのは(ウ　　　)の方である。

(2) 100 V の直流と同じ明るさにするには，交流の最大値を何 V にすればよいか。

実効値を 100 V にするためには，最大値を V_0 とすると，

(エ　　　)〔オ　　〕$=\dfrac{V_0}{\sqrt{2}}$

よって，最大値 V_0 は，

$V_0=$(カ　　　)×(キ　　　)〔ク　　〕

$=141$ V

例題 3 変圧器

一次コイルの巻き数が 500 回，二次コイルの巻き数が 1000 回の変圧器がある。一次コイルに 100 V の交流電源をつなぐ。次の問いに答えよ。

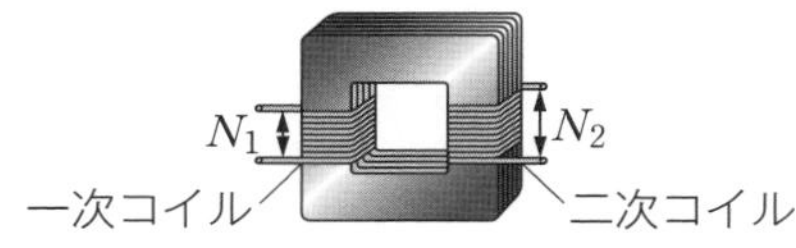

(1) 二次コイルに生じる電圧を求めよ。

(2) 二次コイルに 100 Ω の抵抗を接続したときに流れる電流の大きさを求めよ。

解法 (1) 一次コイルと二次コイルの交流電圧の比 $V_1:V_2$ は巻き数の比 $N_1:N_2$ に等しくなる。したがって，$V_1:V_2=N_1:N_2$ より，

$100\ \mathrm{V}:V_2=500:1000$

$500\times V_2=1000\times 100\ \mathrm{V}$

よって，$V_2=200$ V **答 200 V**

(2) オームの法則より，

$I=\dfrac{V}{R}=\dfrac{200\ \mathrm{V}}{100\ \Omega}=2.00\ \mathrm{A}$ **答 2.00 A**

4 一次コイルの巻き数が 400 回，二次コイルの巻き数が 300 回の変圧器がある。一次コイルに 80 V の交流電源をつなぐ。次の問いに答えよ。なお，(　　)内には数値を，〔　　〕内には単位を入れよ。

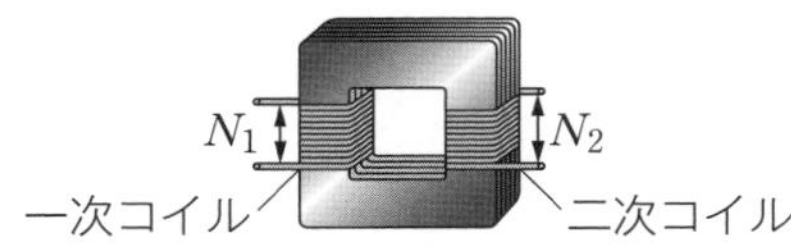

(1) 二次コイルに生じる電圧を求めよ。

一次コイルと二次コイルの交流電圧の比 $V_1:V_2$ は巻き数の比 $N_1:N_2$ に等しくなる。したがって，$V_1:V_2=N_1:N_2$ より，

(ア　　)〔イ　　〕: V_2

＝(ウ　　　):(エ　　　)

(オ　　　)×V_2＝(カ　　　)×80 V

よって，$V_2=60$ V

(2) 二次コイルに 50 Ω の抵抗を接続したときに流れる電流の大きさを求めよ。

オームの法則より，

$I=\dfrac{V}{R}=\dfrac{(キ\quad)〔ク\quad〕}{(ケ\quad)〔コ\quad〕}$

$=1.2$ A

変圧器は，電圧の大きさをコイルの巻き数の比に応じて変化させることができる。

14 交流の利用と電磁波の利用

※以下の問題では，$\sqrt{2}=1.41$ として計算する。

例題 1 交流

図のように，時間的に電圧が変化している。次の問いに答えよ。

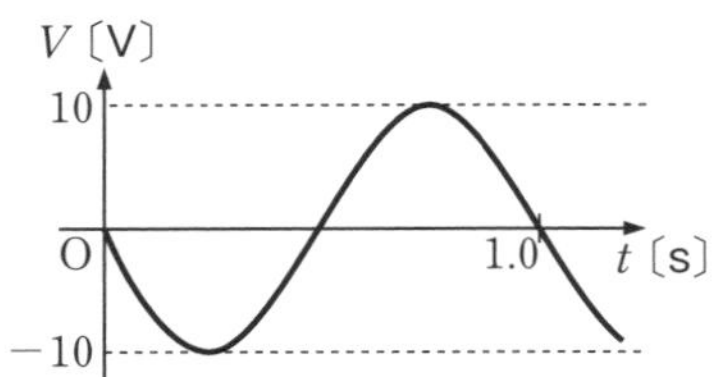

(1) 交流電圧の周期を求めよ。
(2) この周波数を求めよ。
(3) 交流電圧の振幅を求めよ。

解法 (1) 1回振動するのにかかる時間を周期といい，図より 1.0 s である。 **答 1.0 s**

(2) 周波数 f は1秒間の振動回数である。これは周期 T の逆数であることより，

$$f=\frac{1}{T}=\frac{1}{1.0\ \mathrm{s}}=1.0\ \mathrm{Hz}$$ **答 1.0 Hz**

(3) 振幅は山の高さ，または谷の深さであることより，振幅は 10 V である。 **答 10 V**

1 図のように，時間的に電圧が変化している。次の問いに答えよ。なお，(　　)内には数値を，〔　　〕内には単位を入れよ。

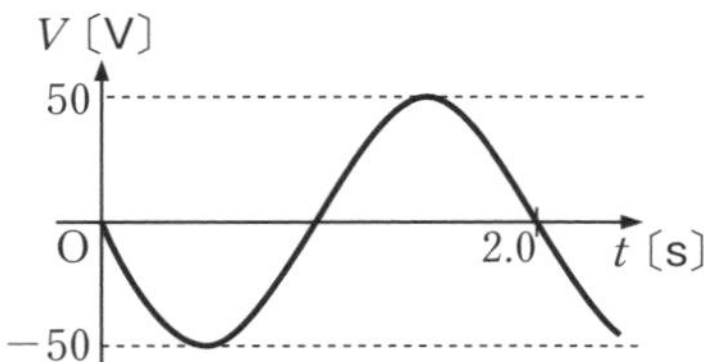

(1) 交流電圧の周期を求めよ。
1回振動する時間を周期といい，図より(ア　　)〔イ　　〕である。

(2) この周波数を求めよ。
周波数 f は1秒間の振動回数である。これは周期 T の逆数であることより，

$$f=\frac{1}{T}=\frac{1}{(\text{ウ}\quad)〔\text{エ}\quad〕}$$
$=0.50$ Hz

(3) 交流電圧の振幅を求めよ。
振幅は山の高さ，または谷の深さであることより，振幅は(オ　　)〔カ　　〕である。

2 図のように，時間的に電圧が変化している。次の問いに答えよ。

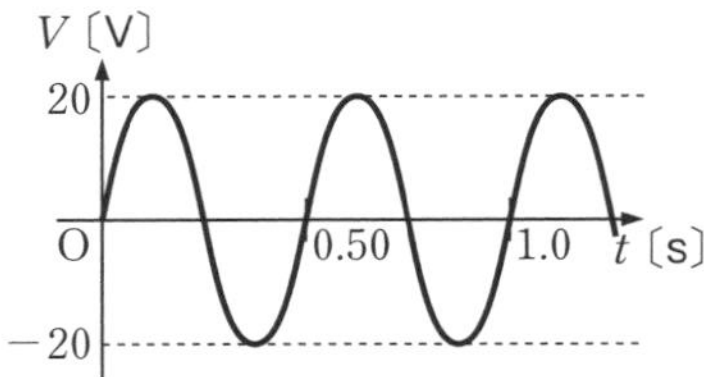

(1) 交流電圧の周期を求めよ。

____

(2) この周波数を求めよ。

____

(3) 交流電圧の振幅を求めよ。

____

例題 2 家庭での交流の利用

家庭用コンセント(西日本)の電源電圧は実効値 100 V，周波数は交流 60 Hz である。次の問いに答えよ。

(1) 交流 60 Hz の周期を求めよ。
(2) 交流電圧の最大値を求めよ。

解法 (1) 周期 T は周波数 f の逆数であることより，

$$T=\frac{1}{f}=\frac{1}{60\ \mathrm{Hz}}=0.0166\cdots≒0.017\ \mathrm{s}$$
$$=1.7\times10^{-2}\ \mathrm{s}$$ **答 1.7×10^{-2} s**

(2) 実効値 V_e と最大値 V_0 の関係は，

$$\frac{V_0}{\sqrt{2}}=V_e$$

式を変形して，

$$V_0=\sqrt{2}\,V_e=1.41\times100\ \mathrm{V}$$
$$=141\ \mathrm{V}$$

答 141 V

3 家庭用コンセント(東日本)の電源電圧は実効値 100 V，周波数は交流 50 Hz である。次の問いに答えよ。なお，(　　)内には数値を，〔　　〕内には単位を入れよ。

 ☑ T〔s〕：周期　f〔Hz〕：振動数　V_e〔V〕：実効値　V_0〔V〕：最大値

(1) 交流 50 Hz の周期を求めよ。

周期 T は周波数 f の逆数であることより，

$$T=\frac{1}{f}=\frac{1}{(ア\quad)〔イ\quad〕}=0.020\ \mathrm{s}$$
$$=2.0\times10^{-2}\ \mathrm{s}$$

(2) 交流電圧の最大値を求めよ。

実効値 V_e と最大値 V_0 の関係は，

$$\frac{V_0}{(ウ\quad)}=V_e$$

式を変形して，

$$V_0=(エ\quad)V_e$$
$$=(オ\quad)\times(カ\quad)〔キ\quad〕$$
$$=141\ \mathrm{V}$$

4 家庭用コンセント(西日本)の電源電圧は最大値 141 V である。実効値を求めよ。

例題 3 電磁波

電磁波について，次の問いに答えよ。ただし，電磁波の速さは 3.0×10^8 m/s とする。

(1) 波長が 600 nm（$=6.0\times10^{-7}$ m）である光の周波数を求めよ。

(2) 周波数 1.5 GHz（$=1.5\times10^9$ Hz）の電波の波長を求めよ。

(3) 可視光線の中で，黄，紫，赤を波長の短い順に答えよ。

解法 (1) 電磁波の速さを c〔m/s〕，周波数 f〔Hz〕，波長 λ〔m〕とすると，$c=f\lambda$ より，

$$f=\frac{c}{\lambda}=\frac{3.0\times10^8\ \mathrm{m/s}}{6.0\times10^{-7}\ \mathrm{m}}$$
$$=5.0\times10^{14}\ \mathrm{Hz}$$

答 5.0×10^{14} Hz

(2) 電磁波の速さを c〔m/s〕，周波数 f〔Hz〕，波長 λ〔m〕とすると，$c=f\lambda$ より，

$$\lambda=\frac{c}{f}=\frac{3.0\times10^8\ \mathrm{m/s}}{1.5\times10^9\ \mathrm{Hz}}$$
$$=0.20\ \mathrm{m}$$

答 0.20 m

(3) 可視光線を波長の短い順に並べていくと，紫，藍，青，緑，黄，橙，赤である。したがって，紫，黄，赤の順である。

答 紫，黄，赤

5 電磁波について，次の問いに答えよ。ただし，電磁波の速さは 3.0×10^8 m/s とする。なお，(　　)内には数値または語句を，〔　　〕内には単位を入れよ。

(1) 波長が 400 nm（$=4.0\times10^{-7}$ m）である光の周波数を求めよ。

電磁波の速さを c〔m/s〕，周波数 f〔Hz〕，波長 λ〔m〕とすると，$c=f\lambda$ より，

$$f=\frac{c}{\lambda}=\frac{(ア\quad)〔イ\quad〕}{(ウ\quad)〔エ\quad〕}$$
$$=0.75\times10^{15}\ \mathrm{Hz}=7.5\times10^{14}\ \mathrm{Hz}$$

(2) 周波数 6.0 GHz（$=6.0\times10^9$ Hz）の電磁波の波長を求めよ。

電磁波の速さを c〔m/s〕，周波数 f〔Hz〕，波長 λ〔m〕とすると，$c=f\lambda$ より，

$$\lambda=\frac{c}{f}=\frac{(オ\quad)〔カ\quad〕}{(キ\quad)〔ク\quad〕}$$
$$=5.0\times10^{-2}\ \mathrm{m}$$

(3) 可視光線の中で，青，紫，橙を波長の短い順に答えよ。

可視光線を波長の短い順に並べていくと，紫，藍，青，緑，黄，橙，赤である。したがって，(ケ　　)，(コ　　)，(サ　　)の順である。

6 電磁波について，次の問いに答えよ。

(1) 波長が 5.0×10^{-10} m，周波数が 6.0×10^{17} Hz である X 線の伝わる速さを求めよ。

(2) 波長が 3.0×10^{-3} m，速さが 3.0×10^8 m/s の電磁波の周波数を求めよ。

真空中を伝わる電磁波の速さは，その種類によらず一定（3.0×10^8 m/s）である。

15 原子核エネルギーと放射線，エネルギー資源

例題 1 原子番号と質量数

次の問いに答えよ。

(1) $^{4}_{2}He$ の陽子の数と中性子の数を求めよ。

(2) $^{14}_{6}C$ の陽子の数と中性子の数を求めよ。

解法 (1) 原子番号 2 は陽子の数である。質量数 4 は陽子と中性子の数の和である。4−2=2 より，中性子の数は 2 個である。

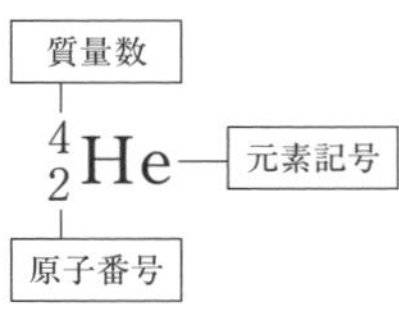

答 陽子：2 個　中性子：2 個

(2) 原子番号 6 は陽子の数である。質量数 14 は陽子と中性子の数の和である。14−6=8 より，中性子の数は 8 個である。

答 陽子：6 個　中性子：8 個

1 次の問いに答えよ。なお，(　　)内には数値を，「　　」内には語句を入れよ。

(1) $^{238}_{92}U$ の陽子の数と中性子の数を求めよ。

原子番号(ア　　)は「イ　　」の数である。
質量数(ウ　　)は「エ　　」と「オ　　」の数の和である。
(カ　　)−(キ　　)=(ク　　)より，
「ケ　　」の数は 146 個である。

(2) $^{226}_{88}Ra$ の陽子の数と中性子の数を求めよ。

原子番号(コ　　)は「サ　　」の数である。
質量数(シ　　)は「ス　　」と「セ　　」の数の和である。
(ソ　　)−(タ　　)=(チ　　)より，
「ツ　　」の数は 138 個である。

2 次の問いに答えよ。

(1) $^{92}_{36}Kr$ の陽子の数と中性子の数を求めよ。

陽子：　　個　中性子：　　個

(2) $^{94}_{38}Sr$ の陽子の数と中性子の数を求めよ。

陽子：　　個　中性子：　　個

(3) $^{140}_{54}Xe$ の陽子の数と中性子の数を求めよ。

陽子：　　個　中性子：　　個

例題 2 放射線

α 線，β 線，γ 線の 3 つの放射線の透過力(物体への透過の度あい)を調べたところ，表のようになった。

放射線	透過力
(ア)線	強い
(イ)線	弱い
(ウ)線	普通

(1) (ア)は何か。

(2) (イ)は何か。

(3) (ウ)は何か。

解法 (1) 透過力が強いのは γ 線である。 **答 γ**

(2) 透過力が弱いのは α 線である。 **答 α**

(3) α 線より透過力が強く，γ 線より透過力が弱いのは β 線である。 **答 β**

3 α 線，β 線，γ 線の 3 つの放射線の物体への透過の度あいを調べたところ，図のような結果が得られた。①〜③の放射線は何か。なお，(　　)内には α，β，γ を入れよ。

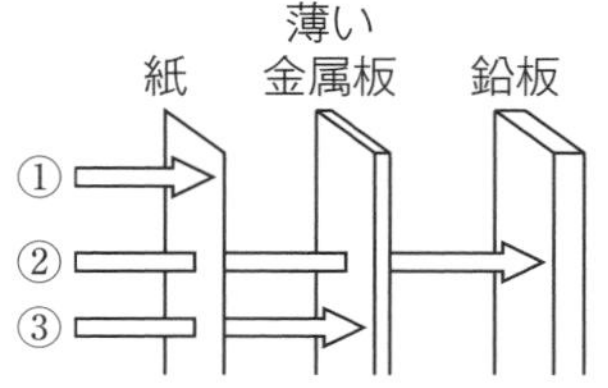

透過力の強い順に(ア　　)線，(イ　　)線，(ウ　　)線である。したがって，
①は透過力が一番弱いので，(エ　　)線
②は透過力が一番強いので，(オ　　)線
③は(カ　　)線である。

 原子番号は陽子の数，質量数は陽子と中性子の数の和を表す。

例題 3 エネルギーの変換①

エネルギーの変換に関して，次の場合の変換のようすを記述せよ。

(1) 電池に接続されて回転しているモーター

(2) ガソリンを燃焼させて走る自動車

(3) スピーカーから出る音

解法 (1) 答 **電池の化学エネルギーを，電気エネルギー(電流)に変換する。その電気エネルギーをモーターが回転する運動エネルギーに変換する。**

(2) 答 **ガソリンの化学エネルギーを，燃焼によって熱エネルギーに変換して，その熱エネルギーを運動エネルギーに変換する。**

(3) 答 **電気エネルギーを，スピーカーが振動する運動エネルギーに変換して，その運動エネルギーを音のエネルギーに変換する。**

4 エネルギーの変換に関して，次の場合の変換のようすを記述せよ。なお，(　　)内には語句を入れよ。

(1) 蛍光灯

(2) 太陽電池

(3) 蒸気機関

(4) 筋肉の運動

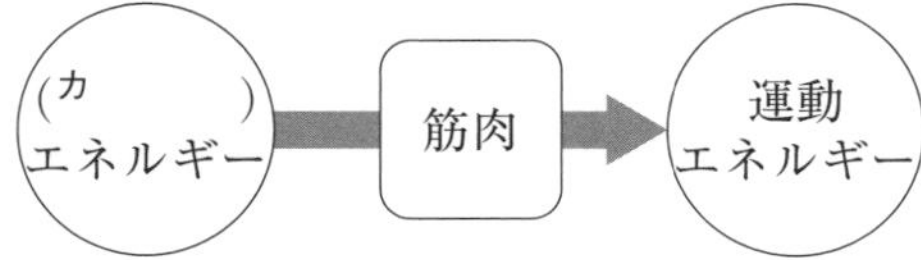

(5) 植物の光合成

例題 4 エネルギーの変換②

エネルギーの変換に関して，次の問いに答えよ。

(1) 水力発電は，ダムなどの高いところにある水を落下させる際に，発電機を構成しているタービンを回すことで発電することができる。高いところにある水のもっているエネルギーの名称を答えよ。

(2) 火力発電は，石油を燃焼させて水を沸騰させ，生じる水蒸気でタービンを回して発電する。石油のもっているエネルギーの名称を答えよ。

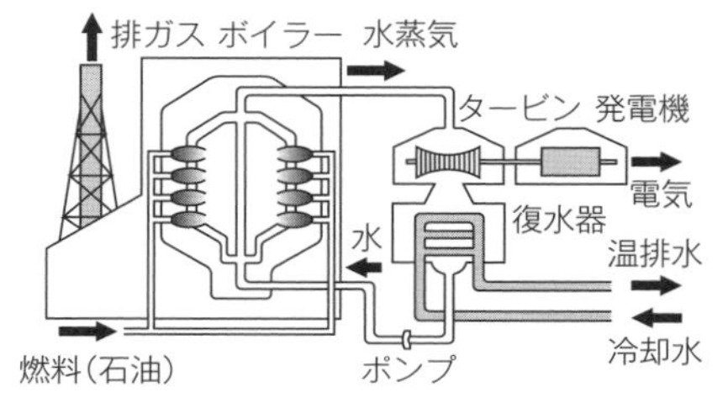

解法 (1) 水は重力による位置エネルギーをもっており，落下の際に運動エネルギーに変換され，タービンを回す。

答 **位置エネルギー**

(2) 石油は化学エネルギーをもっており，燃焼によって熱に変換される。

答 **化学エネルギー**

5 エネルギーの変換に関して，次の問いに答えよ。なお，(　　)内には語句を入れよ。

(1) 原子力発電は，ウランの核分裂を連鎖反応させた際に生じるエネルギーを用いて発電する。ウランのもっているエネルギーの名称を答えよ。

ウランは(ア　　　　)エネルギーをもっており，核分裂によってエネルギーを放出する。

(2) 風力発電は，風のもつエネルギーを風車が受け取って，風車に接続された発電機で発電する。風のもっているエネルギーの名称を答えよ。

風の(イ　　　)エネルギーを風車が受け取って，風車に接続された発電機で(ウ　　　)エネルギーに変換される。

自然界にはさまざまな種類のエネルギーが存在している。

検印欄

／	／	／	／	／	／
／	／	／	／	／	／
／	／	／	／	／	／
／	／	／	／	／	／
／	／	／	／	／	／
／	／	／	／	／	／
／	／	／	／	／	／

年　　　組　　　番　名前

リピート＆チャージ物理基礎ドリル
波／電気

解答編

実教出版

23(02)

1 波の性質

例題 1 波を表す量

図のように，x 軸上を正の向きに速さ 1.0 m/s で進む正弦波について，次の値を求めよ。

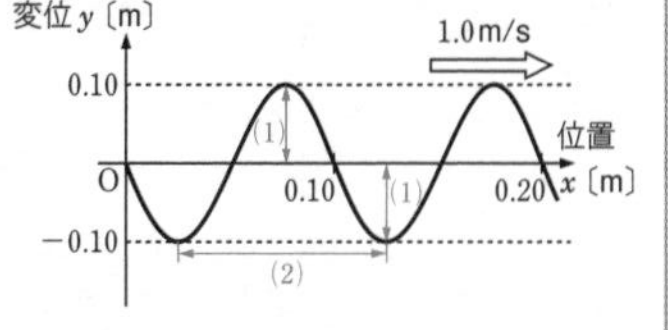

(1) 振幅 A　(2) 波長 λ
(3) 周期 T　(4) 振動数 f

解法 (1) 振幅は媒質の変位の最大値で，山の高さまたは谷の深さなので，$A=0.10$ m

答 **0.10 m**

(2) 波長は隣りあう山と山または谷と谷の間の距離なので，$\lambda=0.10$ m　答 **0.10 m**

(3) 波は周期 T で波長 λ だけ進む。したがって，波の伝わる速さ v は，$v=\dfrac{\lambda}{T}$ となる。変形して，

$T=\dfrac{\lambda}{v}=\dfrac{0.10\ \text{m}}{1.0\ \text{m/s}}=0.10$ s　答 **0.10 s**

(4) $f=\dfrac{1}{T}=\dfrac{1}{0.10\ \text{s}}=10$ Hz

答 **10 Hz**

別解　$v=f\lambda$ より，$f=\dfrac{v}{\lambda}=\dfrac{1.0\ \text{m/s}}{0.10\ \text{m}}=10$ Hz

1 図のように，x 軸上を正の向きに速さ 2.0 m/s で進む正弦波について，次の値を求めよ。なお，(　)内には数値を，〔　〕内には単位を入れよ。

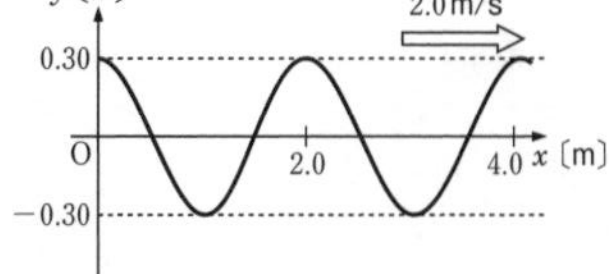

(1) 振幅 A

振幅は媒質の変位の最大値で，山の高さまたは谷の深さであることより，

$A=$(ア 0.30)〔イ m〕

(2) 波長 λ

波長は隣りあう山と山の間の距離を読み取って，

$\lambda=$(ウ 2.0)〔エ m〕

(3) 周期 T

$v=\dfrac{\lambda}{T}$，$v=2.0$ m/s より，

$T=\dfrac{\lambda}{v}=\dfrac{(\text{オ } 2.0)〔\text{カ m}〕}{(\text{キ } 2.0)〔\text{ク m/s}〕}=1.0$ s

(4) 振動数 f

$f=\dfrac{1}{T}=\dfrac{1}{(\text{ケ } 1.0)〔\text{コ s}〕}=1.0$ Hz

2 図のように，x 軸上を正の向きに速さ 5.0 m/s で進む正弦波について，次の値を求めよ。

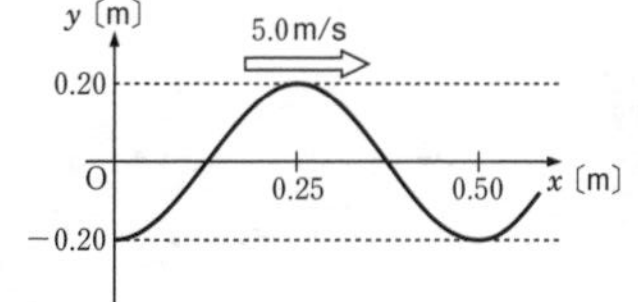

(1) 振幅 A

振幅は媒質の変位の最大値で，山の高さまたは谷の深さであることより，

$A=0.20$ m　　0.20 m

(2) 波長 λ

波長は隣りあう谷と谷の間の距離を読み取って，

$\lambda=0.50$ m　　0.50 m

(3) 周期 T

$v=\dfrac{\lambda}{T}$，$v=5.0$ m/s より，

$T=\dfrac{\lambda}{v}=\dfrac{0.50\ \text{m}}{5.0\ \text{m/s}}=0.10$ s　　0.10 s

(4) 振動数 f

$f=\dfrac{1}{T}=\dfrac{1}{0.10\ \text{s}}=10$ Hz

10 Hz

> 波は媒質が1回振動すると1波長生じる。つまり，周期 T で波長 λ 進む。

例題 2 波の速さ

図のように，x 軸上を正の向きに進む波が連続的に生じている。波の伝わる速さは 1.0 m/s である。図の時刻を 0 s とする。次の問いに答えよ。

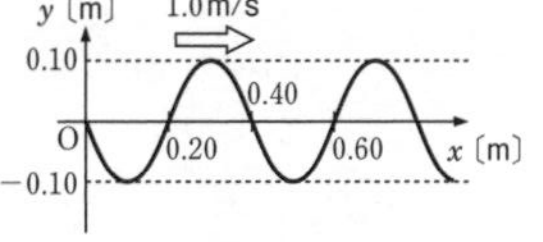

(1) 0.20 s 後の波のようすをかけ。
(2) 0.40 s 後の波のようすをかけ。

解法 (1) 波の伝わる速さが 1.0 m/s であることより，波は 1.0 m/s × 0.20 s = 0.20 m 進む。したがって，図の波を進行方向に 0.20 m 平行移動すればよい。

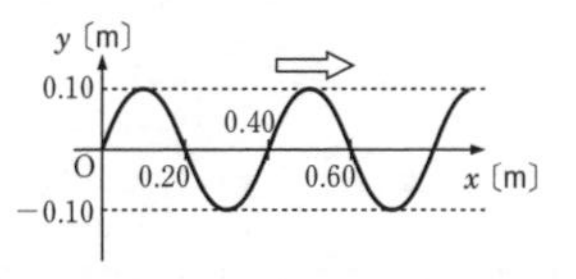

(2) 波の伝わる速さが 1.0 m/s であることより，波は 1.0 m/s × 0.40 s = 0.40 m 進む。したがって，図の波を進行方向に 0.40 m 平行移動すればよい。時刻 0 s のときと同じ波形となる。

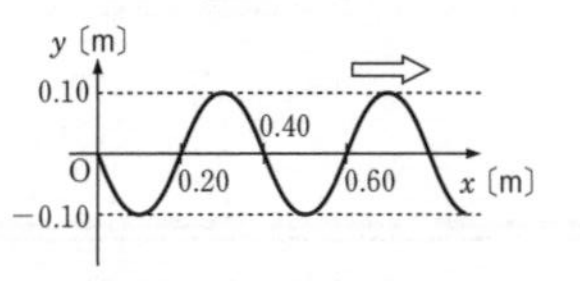

3 図のように，x 軸上を正の向きに進む波が連続的に生じている。波の伝わる速さは 0.40 m/s である。図の時刻を 0 s とする。次の問いに答えよ。なお，(　)内には数値を入れよ。

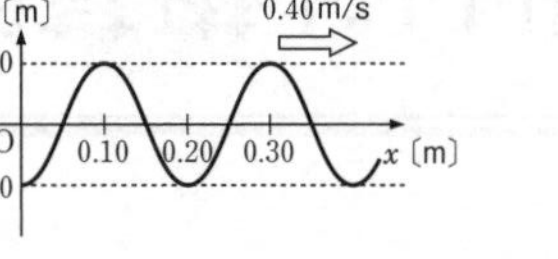

(1) 0.25 s 後の波のようすをかけ。

波の伝わる速さが(ア 0.40)m/s であることより，波は

(イ 0.40)m/s ×(ウ 0.25)s =(エ 0.10)m 進む。したがって，図の波を進行方向に(オ 0.10)m 平行移動すればよい。

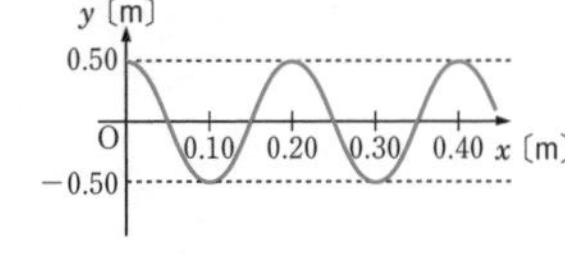

(2) 0.50 s 後の波のようすをかけ。

(1)と同様に，図の波を進行方向に(カ 0.20)m 平行移動すればよい。

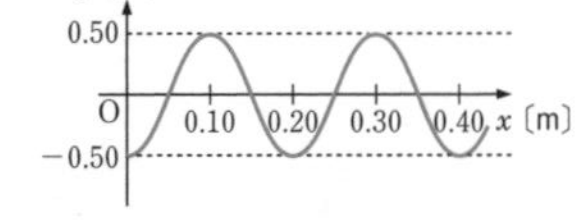

(3) 1.0 s 後の波のようすをかけ。

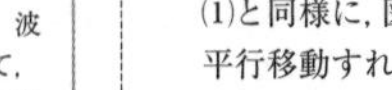

(1)と同様に，図の波を進行方向に(キ 0.40)m 平行移動すればよい。

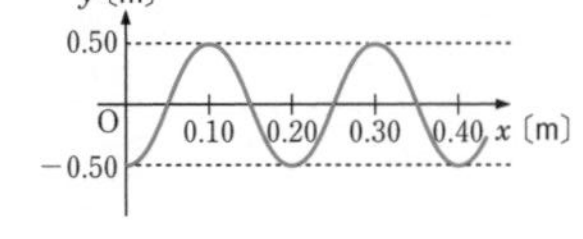

(4) 1.25 s 後の波のようすをかけ。

(1)と同様に，図の波を進行方向に(ク 0.50)m 平行移動すればよい。

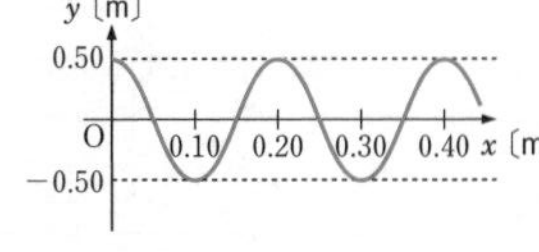

> (3) 波長は 0.20 m であり，平行移動させる距離が波長の整数倍であれば，同じ波形となる。

2 横波と縦波

例題 1　縦波の横波的表し方

つりあいの状態が図①のようになっていた媒質が，図②のように変位している。縦波を横波表示したい。次の問いに答えよ。

(1) つりあいの位置からの媒質の変位を矢印(→，←)で下図に記入せよ。

変位を記入すると，次のようになる。

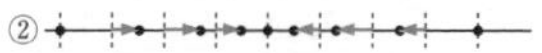

(2) (1)で記入した変位を下図の x 軸上の，各媒質のつりあいの位置に転記せよ。

変位を転記すると，次のようになる。

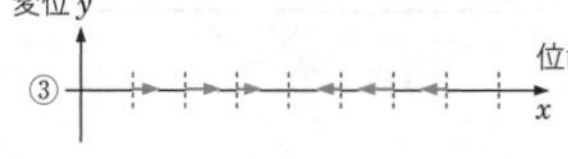

(3) (2)の変位を，y 軸に変換して下図に記入せよ。

x 軸に対して正の変位は y 軸の正の変位に，x 軸に対して負の変位は y 軸の負の変位にして記入すると，次のようになる。

(4) (3)で記入した y 軸の変位をなめらかにつないで，横波表示せよ。

なめらかにつなぐと，次のようになる。

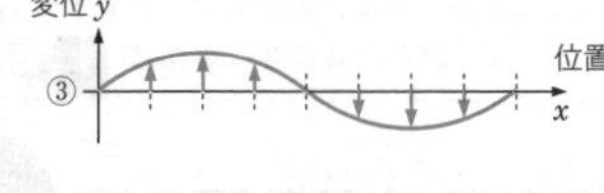

1 つりあいの状態が図①のようになっていた媒質が，図②のように変位している。縦波を横波表示したい。次の問いに答えよ。

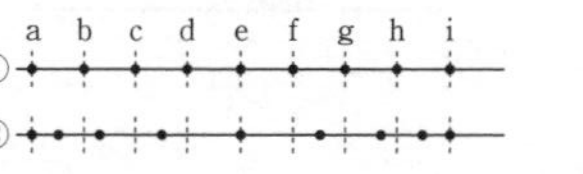

(1) つりあいの位置からの媒質の変位を下図に記入せよ。

変位を記入すると，次のようになる。

(2) (1)で記入した変位を下図の x 軸上の，各媒質のつりあいの位置に転記せよ。

(3) (2)の変位を，y 軸に変換して下図に記入せよ。

(4) (3)で記入した y 軸の変位をなめらかにつないで，横波表示せよ。

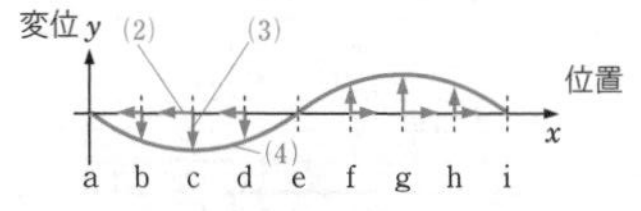

変位を記入すると，上図のようになる。x 軸に対して正の変位は y 軸の正の変位に，x 軸に対して負の変位は y 軸の負の変位にして，これをなめらかにつなぐ。

2 つりあいの状態が図①のようになっていた媒質が，図②のように変位している。縦波を横波表示せよ。

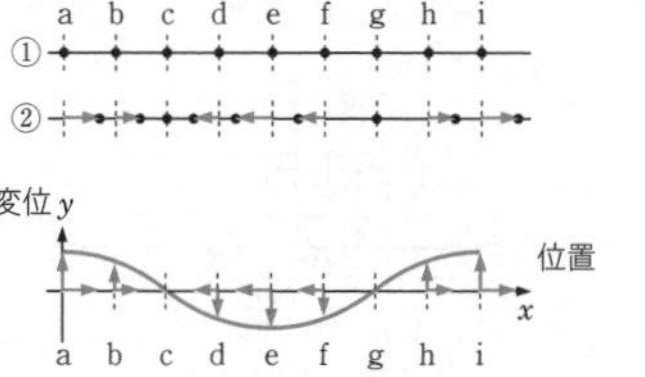

例題 2　横波表示された縦波の読み取り方

x 軸上を正の向きに進む縦波がある。図は，時刻 $t=0$ s における媒質の位置と変位の関係を示したグラフ(x 軸方向の変位を y 軸方向の変位に変換することで，縦波を横波表示してある)である。次の問いに答えよ。

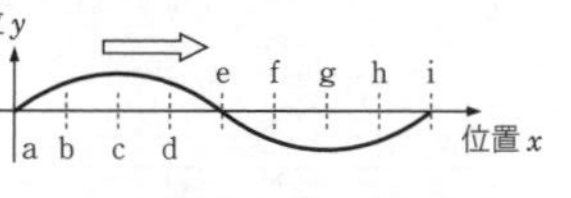

(1) 下図の破線の位置について，媒質の y 軸方向の変位を図示せよ。

y 軸方向の変位を各位置ごとに調べる。

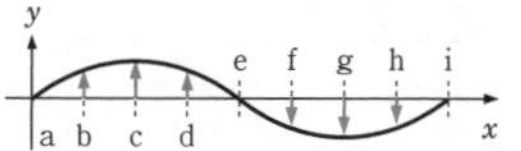

(2) (1)より，x 軸方向の媒質の変位を下図に示せ。

y 軸方向に正の変位をしている場合は，それと同じ大きさだけ，x 軸方向に正の変位をさせる。y 軸方向に負の変位をしている場合は，それと同じ大きさだけ，x 軸方向に負の変位をさせる。すると，下図のようになる。

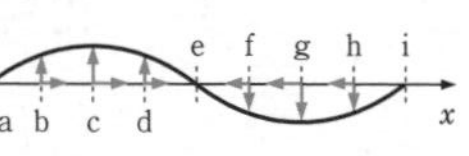

(3) 媒質が最も密な位置は a～i のどれか。すべて求めよ。

媒質が最も集まっているところが密である。図を見るとわかるように，最も密な位置は，e である。

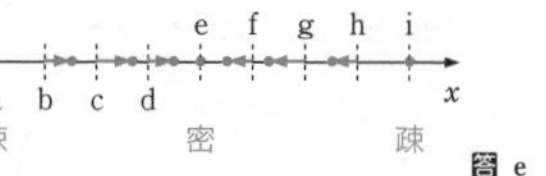

答 e

(4) 媒質が最も疎な位置は a～i のどれか。すべて求めよ。

(3)の図からわかるように，最も疎な位置は，a と i である。

答 a，i

3 x 軸上を正の向きに進む縦波がある。図は，時刻 $t=0$ s における媒質の位置と変位の関係を示したグラフ(x 軸方向の変位を y 軸方向の変位に変換することで，縦波を横波表示してある)である。次の問いに答えよ。

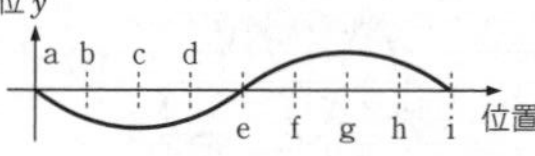

(1) 下図の破線の位置について，媒質の y 軸方向の変位を図示せよ。

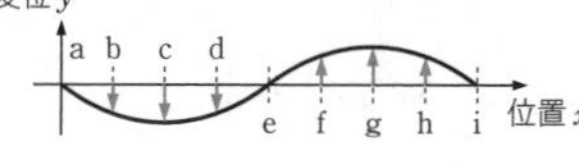

各位置について，媒質の y 軸方向の変位を図に示すと，上図のようになる。

(2) (1)より，x 軸方向の媒質の変位を下図に示せ。

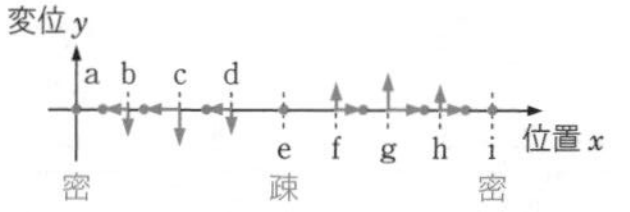

y 軸方向の変位を x 軸方向の変位に変換させると，上図のようになる。

(3) 最も密な位置，最も疎な位置をすべて求めよ。

密な位置　a，i　　疎な位置　e

4 図は，ある時刻における縦波を横波表示(x 軸方向の変位を y 軸方向の変位に変換することで，縦波を横波表示してある)したものである。最も密な位置，最も疎な位置をすべて求めよ。

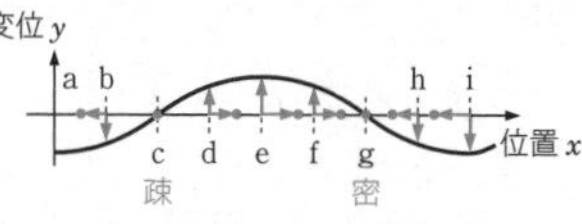

密な位置　g　　疎な位置　c

 縦波は媒質の振動方向と進行方向が平行であり，横波表示することで見やすくなる。

横波表示された縦波は，再び縦波に戻すことで，密や疎な位置を求めることができる。

3 波の重ねあわせの原理

例題 1　波の重ねあわせの原理

図のように，2つの波が空間に存在している。2つの波の合成波をかけ。

(1)

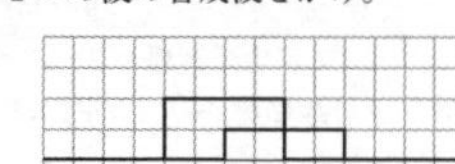

重なっている領域について，重ねあわせの原理(2+1=3)で合成する。

(2)

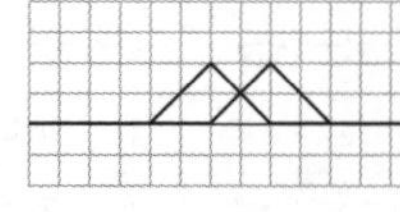

(1)と同様に，重なっている領域について，重ねあわせの原理で合成する。

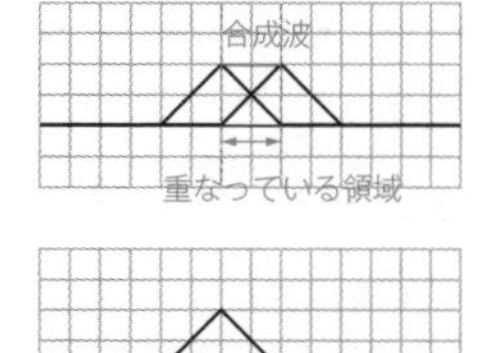

(3)

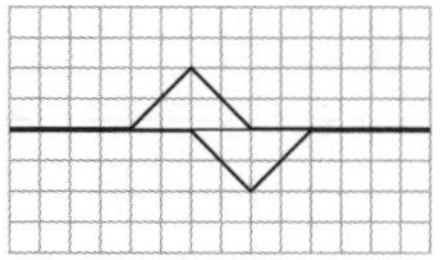

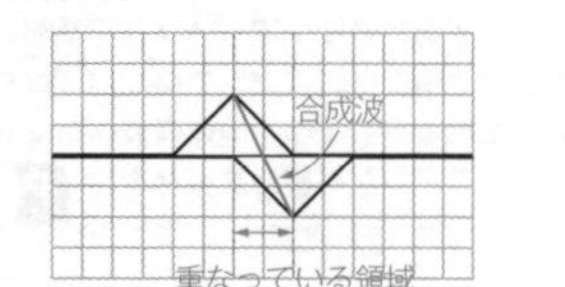

(1)と同様に，重なっている領域について，重ねあわせの原理(山と谷に注意して)で合成する。

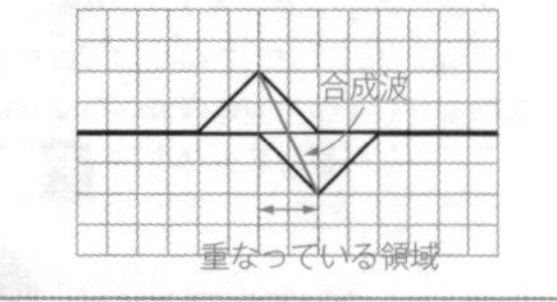

1 図のように，2つの波が空間に存在している。2つの波の合成波をかけ。

(1)

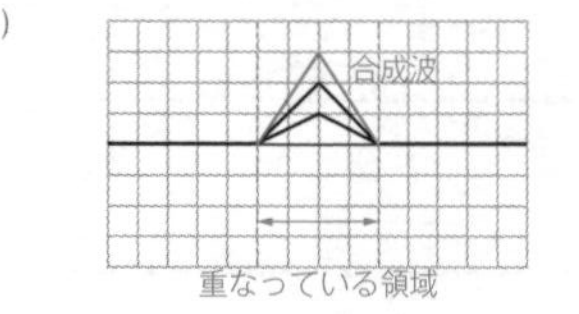

(2)

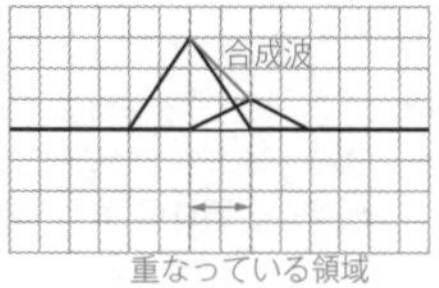

(3)

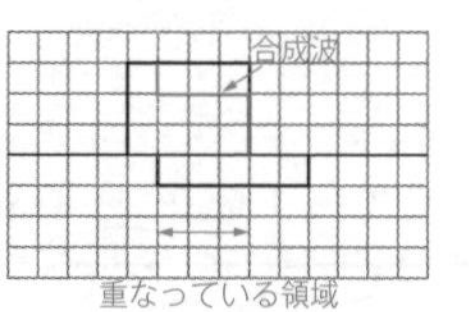

(4)

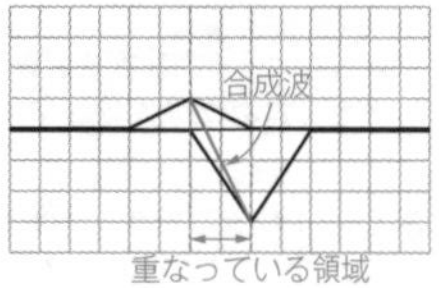

(5)

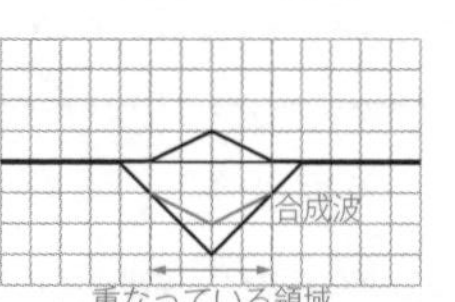

(6)

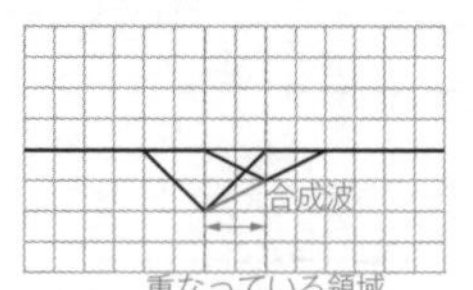

例題 2　*t* 秒後の波の形

空間に2つの波が存在している。それぞれの波は，図のように，どちらも1 cm/s で左右に進んでいく。図の1目盛りは1 cm を表していて，ある時刻における波形である。この時刻から1 s 後，2 s 後の波の形をかけ。

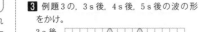

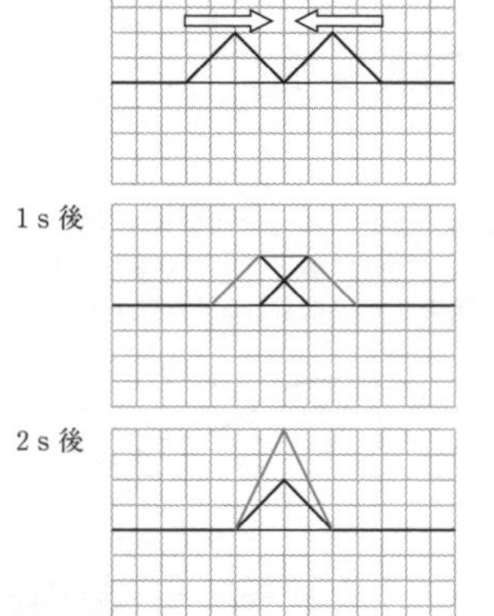

2 空間に2つの波が存在している。それぞれの波は，図のように，どちらも1 cm/s で左右に進んでいく。図の1目盛りは1 cm を表していて，ある時刻における波形である。この時刻から1 s 後，2 s 後の波の形をかけ。

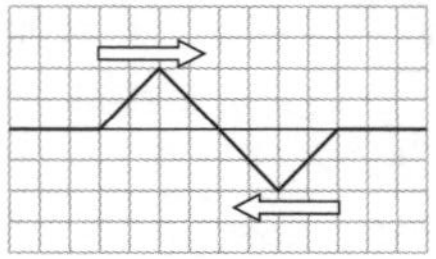

1 s 後

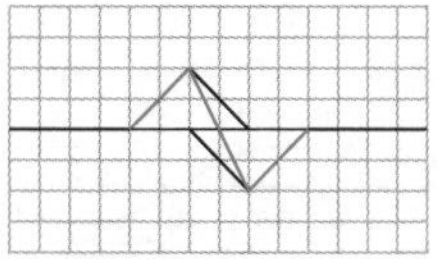

2 s 後

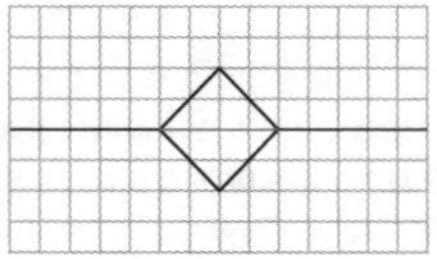

例題 3　定常波(定在波)

空間に2つの連続する正弦波が存在している。実線の波は右向きに，破線の波は左向きにどちらも1 cm/s で進んでいく。図の1目盛りは1 cm を表している。図の時刻から1 s 後，2 s 後の波の形をかけ。

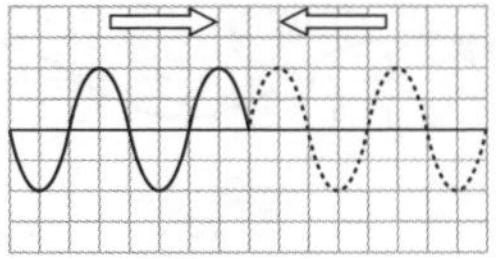

1 s 後

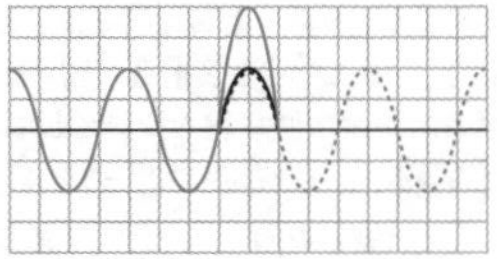

2 s 後

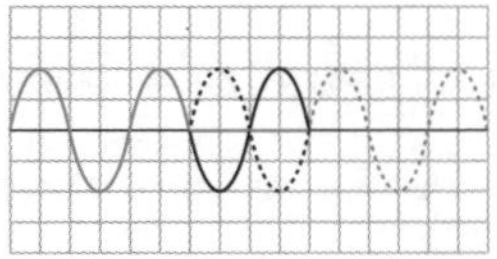

3 例題3の，3 s 後，4 s 後，5 s 後の波の形をかけ。

3 s 後

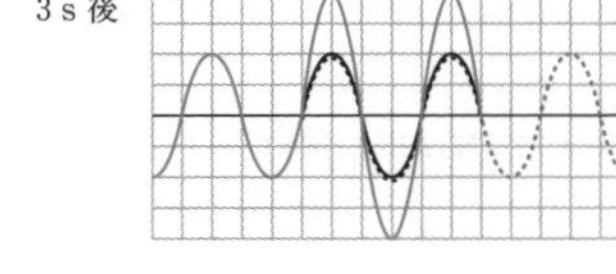

4 s 後

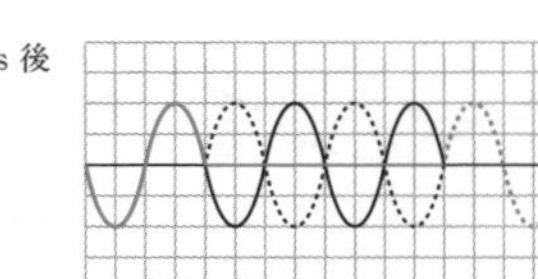

5 s 後

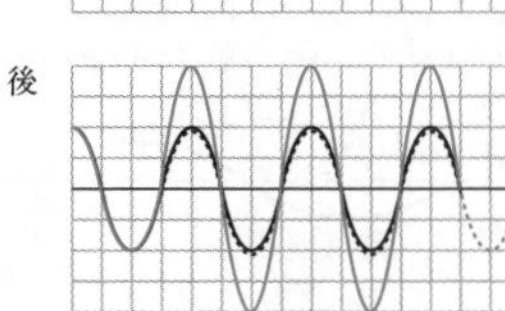

4 波の反射

例題 1 自由端反射

図は，右向きに進む波である。この波が境界で自由端反射する。波の伝わる速さは，1 cm/s であり，図の 1 目盛りは 1 cm である。次の問いに答えよ。

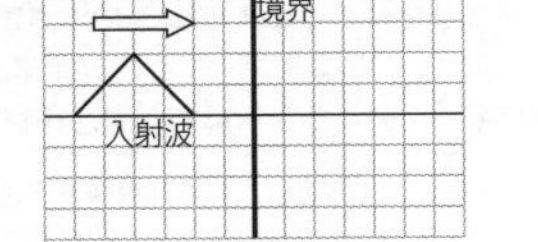

(1) 図の時刻より 3 s 後，4 s 後，5 s 後の反射波のようすをかけ。

(2) 図の時刻より 3 s 後，4 s 後，5 s 後の合成波のようすをかけ。

自由端での反射では，入射波の延長を境界で折り返した波が反射波となる。

3 s 後　入射波は 1 cm/s × 3 s = 3 cm 境界に向かって進める。入射波の延長を境界で折り返す。

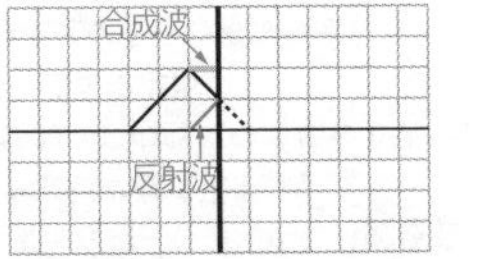

4 s 後　さらに 1 cm 右に進める。

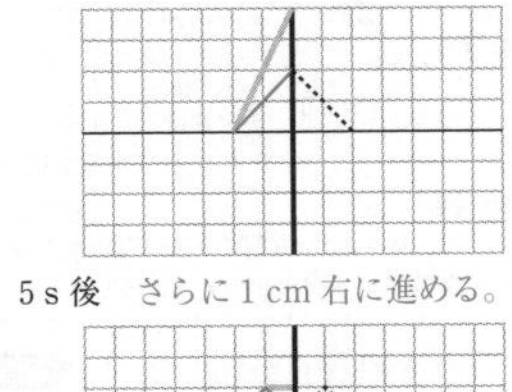

5 s 後　さらに 1 cm 右に進める。

※反射波は――，合成波は――で示す。

1 図は，右向きに進む波である。この波が境界で自由端反射する。波の伝わる速さは，1 cm/s であり，図の 1 目盛りは 1 cm である。例題を参考にして，次の問いに答えよ。

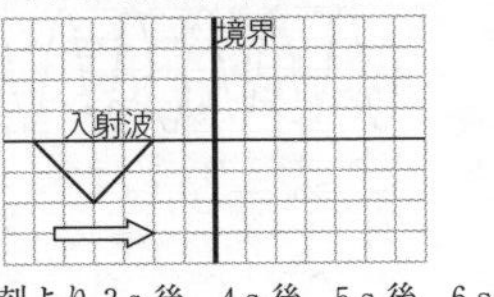

(1) 図の時刻より 3 s 後，4 s 後，5 s 後，6 s 後の反射波のようすをかけ。

(2) 図の時刻より 3 s 後，4 s 後，5 s 後，6 s 後の合成波のようすをかけ。

3 s 後

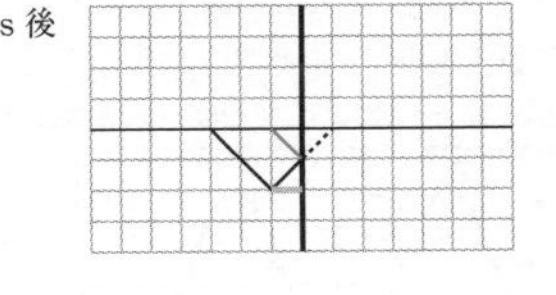

4 s 後

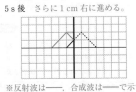

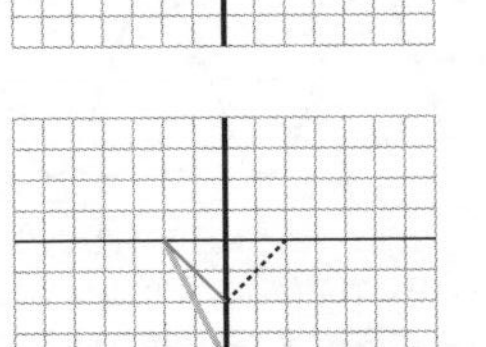

5 s 後

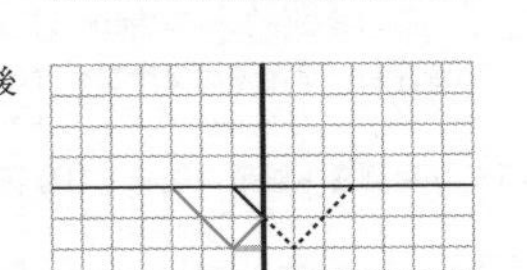

6 s 後

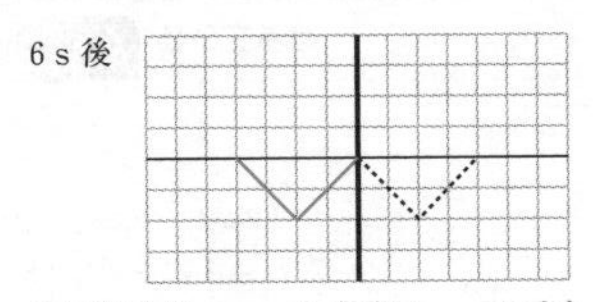

※反射波は――，合成波は――で示す。

例題 2 固定端反射

図は，右向きに進む波である。この波が境界で固定端反射する。波の伝わる速さは，1 cm/s であり，図の 1 目盛りは 1 cm である。次の問いに答えよ。

(1) 図の時刻より 3 s 後，4 s 後，5 s 後の反射波のようすをかけ。

(2) 図の時刻より 3 s 後，4 s 後，5 s 後の合成波のようすをかけ。

固定端での反射は，入射波の延長を上下に反転させる。さらに境界で折り返す。

3 s 後　入射波は 1 cm/s × 3 s = 3 cm 境界に向かって進める。入射波の延長を上下に反転させ，さらに境界で折り返す。

4 s 後　さらに 1 cm 右に進める。

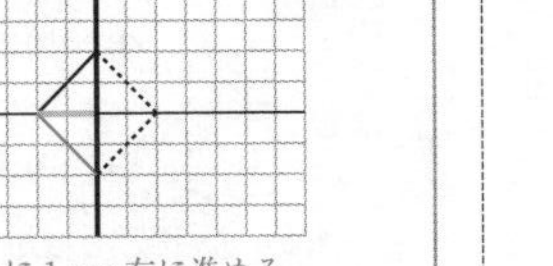

5 s 後　さらに 1 cm 右に進める。

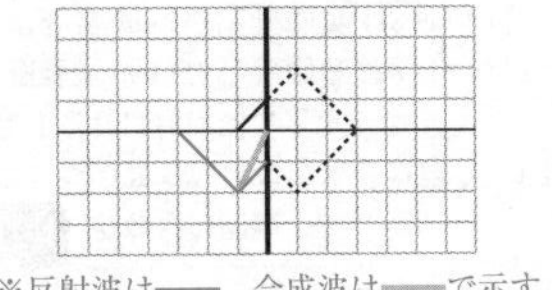

※反射波は――，合成波は――で示す。

2 図は，右向きに進む波である。この波が境界で固定端反射する。波の伝わる速さは，1 cm/s であり，図の 1 目盛りは 1 cm である。例題を参考にして，次の問いに答えよ。

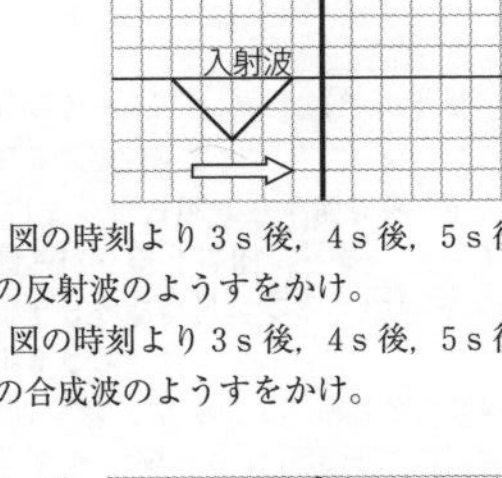

(1) 図の時刻より 3 s 後，4 s 後，5 s 後，6 s 後の反射波のようすをかけ。

(2) 図の時刻より 3 s 後，4 s 後，5 s 後，6 s 後の合成波のようすをかけ。

3 s 後

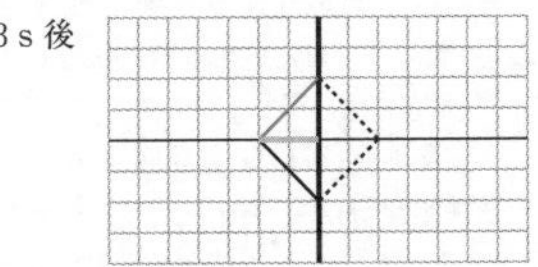

4 s 後

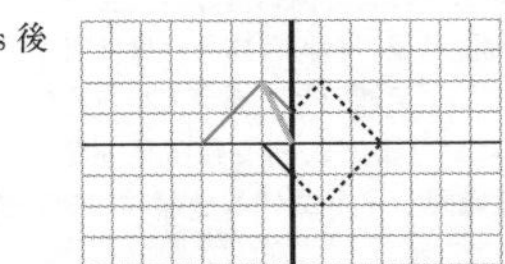

5 s 後

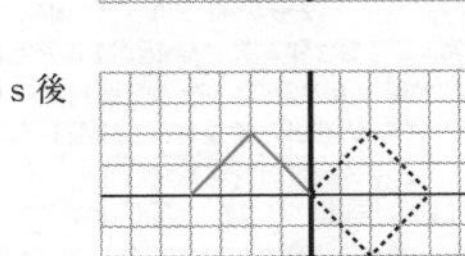

6 s 後

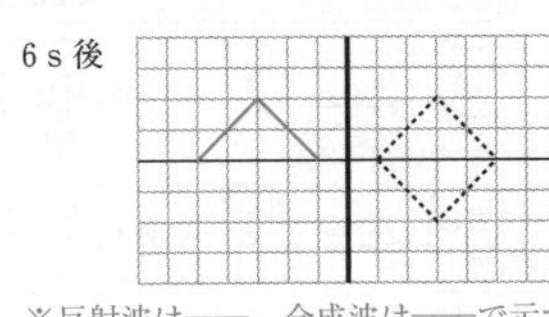

※反射波は――，合成波は――で示す。

入射波と反射波が両方存在する領域では，合成波は重ねあわせの原理で合成する。

自由端では媒質が振動することができるが，固定端では常に変位が 0 である。

5 音の伝わり方と重ねあわせ

例題 1 音波と音速

空気中の音の伝わり方について，次の問いに答えよ。

(1) 気温が 15.0 ℃の空気中を伝わる音の速さを小数第一位まで求めよ。

(2) (1)の音の振動数が 681 Hz であった。音の波長を求めよ。

解法 (1) t〔℃〕の空気中を伝わる音の速さは，

$V=331.5+0.6\,t$

で与えられる。$t=15.0$ ℃を代入して，

$V=331.5+0.6\times15.0=340.5$ m/s

答 **340.5 m/s**

(2) 波の基本式 $V=f\lambda$ より，

$\lambda=\dfrac{V}{f}=\dfrac{340.5\ \text{m/s}}{681\ \text{Hz}}=0.500$ m

答 **0.500 m**

1 空気中の音の伝わり方について，次の問いに答えよ。なお，(　　)内には数値を，〔　　〕内には単位を入れよ。

(1) 気温が 20.0 ℃の空気中を伝わる音の速さを小数第一位まで求めよ。

t〔℃〕の空気中を伝わる音の速さは，

$V=($ア 331.5 $)+0.6\,t$

で与えられる。$t=20.0$ ℃を代入して，

$V=($イ 331.5 $)+0.6\times($ウ 20.0 $)$

$=343.5$ m/s

(2) (1)の音の振動数が 1374 Hz であった。音の波長を求めよ。

波の基本式 $V=f\lambda$ より，

$\lambda=\dfrac{V}{f}=\dfrac{(\text{エ } 343.5)〔\text{オ m/s}〕}{(\text{カ } 1374)〔\text{キ Hz}〕}$

$=0.2500$ m

2 空気中の音の伝わり方について，次の問いに答えよ。

(1) 気温が 10.0 ℃の空気中を伝わる音の速さを小数第一位まで求めよ。

t〔℃〕の空気中を伝わる音の速さは，

$V=331.5+0.6\,t$

で与えられる。$t=10.0$ ℃を代入して，

$V=331.5+0.6\times10.0=337.5$ m/s

337.5 m/s

(2) (1)の音の振動数が 135 Hz であった。音の波長を求めよ。

波の基本式 $V=f\lambda$ より，

$\lambda=\dfrac{V}{f}=\dfrac{337.5\ \text{m/s}}{135\ \text{Hz}}=2.50$ m

2.50 m

例題 2 音の三要素

下の空欄に当てはまる語句を答えよ。

(高さ)，(大きさ)，(音色)を音の三要素という。

・振動数は 1 秒間に振動する回数のことである。

音の高さは振動数が大きいほど高い。下図では，(ア)に比べて(イ)の音は(低い)。

・音の大きさは，振幅が大きいほど大きい。下図では，(ア)に比べて(ウ)の音は(小さい)。

・音の波形が音色を表す。

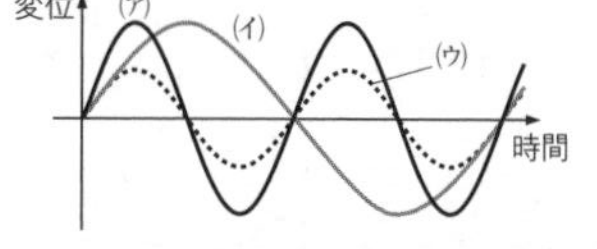

3 3 つの音(ア)〜(ウ)をオシロスコープで調べたところ，次のようになった。縦軸と横軸のスケールはすべて同じである。次の問いに答えよ。

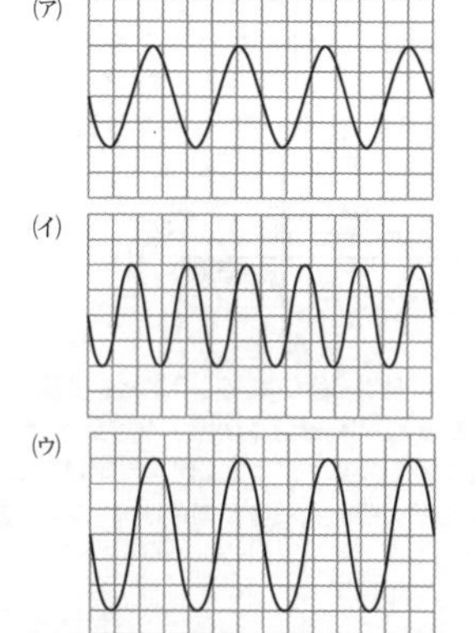

(1) (ア)と(イ)では，どちらの音の方が高いか。

単位時間あたりの振動の回数が多い(イ)の音の方が高い。

(イ)

(2) (ア)と(ウ)では，どちらの音の方が大きいか。

振幅が大きい(ウ)の音の方が大きい。

(ウ)

(3) 最も振動数の大きい音は(ア)〜(ウ)のどれか。

(ア)と(ウ)の振動数は同じである。よって，振動数が最も大きい音は(イ)である。

(イ)

例題 3 うなりの回数

次の 2 つの音を同時に鳴らした場合，1 秒間にうなりは何回聞こえるか。

(1) 振動数 660 Hz と振動数 658 Hz の音

(2) 振動数 438 Hz と振動数 443 Hz の音

解法 (1) 1 秒間に聞こえるうなりの回数は，2 つの音の振動数の差 $|f_1-f_2|$ となる。

$|660\ \text{Hz}-658\ \text{Hz}|=2$ Hz

答 **2 回**

(2) (1)と同様に

$|438\ \text{Hz}-443\ \text{Hz}|=5$ Hz

答 **5 回**

4 次の 2 つの音を同時に鳴らした場合，1 秒間にうなりは何回聞こえるか。なお，(　　)内には数値を，〔　　〕内には単位を入れよ。

(1) 振動数 770 Hz と振動数 764 Hz の音

1 秒間に聞こえるうなりの回数は，2 つの音の振動数の差 $|f_1-f_2|$ となる。

$|($ア 770 $)〔$イ Hz$〕-($ウ 764 $)〔$エ Hz$〕|$

$=6$ Hz

(オ 6)回

(2) 振動数 660 Hz と振動数 663 Hz の音

(1)と同様に，

$|($カ 660 $)〔$キ Hz$〕-($ク 663 $)〔$ケ Hz$〕|$

$=|($コ −3 $)〔$サ Hz$〕|$

$=3$ Hz

(シ 3)回

5 次の 2 つの音を同時に鳴らした場合，1 秒間にうなりは何回聞こえるか。

(1) 振動数 1000 Hz と振動数 999 Hz の音

$|1000\ \text{Hz}-999\ \text{Hz}|=1$ Hz

1 回

(2) 振動数 440 Hz と振動数 438 Hz の音

$|440\ \text{Hz}-438\ \text{Hz}|=2$ Hz

2 回

例題 4 うなりによる振動数特定

振動数のわからない音 A と，振動数が 440 Hz のおんさの音を同時に生じさせたところ，うなりは 1 秒間に 3 回聞こえた。次に，おんさにおもりを取り付け，音を同時に鳴らしたところ，うなりは聞こえなくなった。音 A の振動数を求めよ。

440 Hz
?Hz 音 A ⇒ 1 秒間に 3 回のうなり
?Hz 音 A　おもり ⇒ うなりは生じない

解法 音 A の振動数を f_A〔Hz〕とする。

$|f_A-440\ \text{Hz}|=3$ Hz より，

f_A は 443 Hz または 437 Hz である。

おもりを取り付けると，おんさは振動しにくくなるので，振動数は最初に比べて小さくなる。

おもりを取り付けたあとに音 A とおんさの間ではうなりは聞こえないことより，音 A は 440 Hz よりも振動数の小さい音であることがわかる。

したがって，437 Hz である。

答 **437 Hz**

6 振動数のわからない音 A と，振動数が 800 Hz のおんさの音を同時に生じさせたところ，うなりは 1 秒間に 4 回聞こえた。次に，おんさにおもりを取り付け，音を同時に鳴らしたところ，うなりは聞こえなくなった。音 A の振動数を求めよ。なお，(　　)内には数値を，〔　　〕内には単位を入れよ。

音 A の振動数を f_A〔Hz〕とする。

$|f_A-($ア 800 $)〔$イ Hz$〕|=($ウ 4 $)〔$エ Hz$〕$

より，f_A は(オ 804)Hz または(カ 796)Hz である。おもりを取り付けると，おんさは振動しにくくなるので，振動数は最初に比べて小さくなる。

おもりを取り付けたあとに音 A とおんさの間ではうなりは聞こえないことより，音 A は(キ 800)Hz よりも振動数の小さい音であることがわかる。

したがって，(ク 796)Hz である。

☑ V〔m/s〕：音の伝わる速さ　t〔℃〕：気温　f〔Hz〕：振動数　λ〔m〕：波長

振動数の近い 2 つの音が重なりあい，「ウワーン」という音が聞こえるのがうなりである

6 弦の振動

例題 1 基本振動

長さ 0.500 m の弦に腹が 1 個の定常波が生じている場合，定常波のようすと定常波の波長，弦の振動数を求めよ。なお，弦を伝わる波の速さは 100 m/s とする。

解法 定常波のようすは次のようになる。

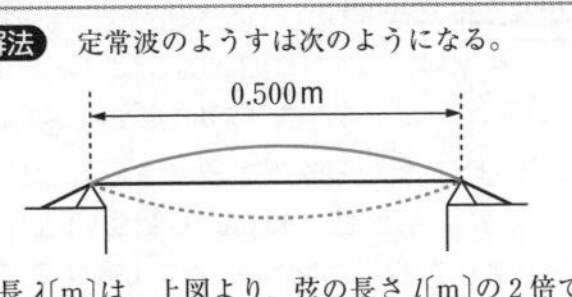

波長 λ〔m〕は，上図より，弦の長さ l〔m〕の 2 倍であることがわかる。$\lambda=2l$ より，

$\lambda=2\times0.500\ \text{m}=1.00\ \text{m}$

$v=f\lambda$ より，弦の振動数 f〔Hz〕は

$f=\dfrac{v}{\lambda}=\dfrac{100\ \text{m/s}}{1.00\ \text{m}}$

$=100\ \text{Hz}$

答 **波長 1.00 m，振動数 100 Hz**

1 長さ 2.0 m の弦に腹が 1 個の定常波が生じている場合，定常波のようすと定常波の波長，弦の振動数を求めよ。弦を伝わる波の速さは 200 m/s とする。なお，（　）内には数値を，〔　〕内には単位を入れよ。

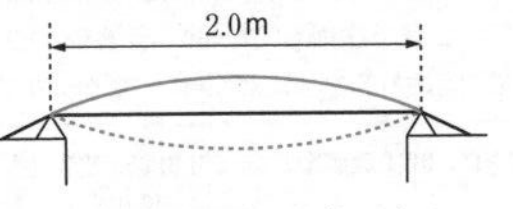

定常波のようすは上図のようになる。
波長 λ〔m〕は，上図より，弦の長さ l〔m〕の 2 倍であることがわかる。$\lambda=2l$ より，

$\lambda=2\times$（ア 2.0 ）〔イ m 〕

$=4.0\ \text{m}$

$v=f\lambda$ より，弦の振動数 f〔Hz〕は

$f=\dfrac{v}{\lambda}=\dfrac{（ウ\ 200\ ）〔エ\ \text{m/s}\ 〕}{（オ\ 4.0\ ）〔カ\ \text{m}\ 〕}$

$=50\ \text{Hz}$

2 長さ 1.0 m の弦に腹が 1 個の定常波が生じている場合，定常波のようすと定常波の波長，弦の振動数を求めよ。弦を伝わる波の速さは 80 m/s とする。

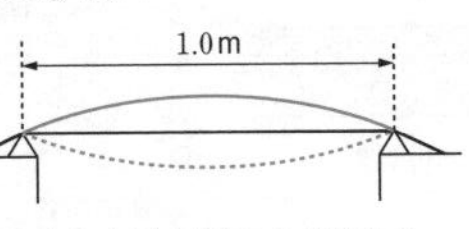

定常波のようすは上図のようになる。
波長 λ〔m〕は，上図より，弦の長さ l〔m〕の 2 倍であることがわかる。$\lambda=2l$ より，

$\lambda=2\times1.0\ \text{m}=2.0\ \text{m}$

$v=f\lambda$ より，弦の振動数 f〔Hz〕は

$f=\dfrac{v}{\lambda}=\dfrac{80\ \text{m/s}}{2.0\ \text{m}}$

$=40\ \text{Hz}$

波長　2.0 m
振動数　40 Hz

例題 2 2 倍振動

長さ 0.50 m の弦に腹が 2 個の定常波が生じている場合，定常波のようすと定常波の波長，弦の振動数を求めよ。なお，弦を伝わる波の速さは 100 m/s とする。

解法 定常波のようすは次のようになる。

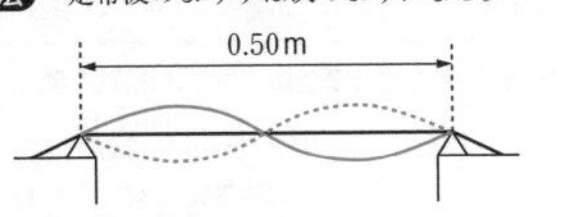

波長 λ〔m〕は，上図より，弦の長さ l〔m〕と同じであることがわかる。$\lambda=l$ より，

$\lambda=0.50\ \text{m}$

$v=f\lambda$ より，弦の振動数 f〔Hz〕は

$f=\dfrac{v}{\lambda}=\dfrac{100\ \text{m/s}}{0.50\ \text{m}}=200\ \text{Hz}$ （0.50 m より有効数字 2 けた）

$=2.0\times10^2\ \text{Hz}$

答 **波長 0.50 m，振動数 2.0×10^2 Hz**

3 長さ 0.80 m の弦に腹が 2 個の定常波が生じている場合，定常波のようすと定常波の波長，弦の振動数を求めよ。弦を伝わる波の速さは 200 m/s とする。なお，（　）内には数値を，〔　〕内には単位を入れよ。

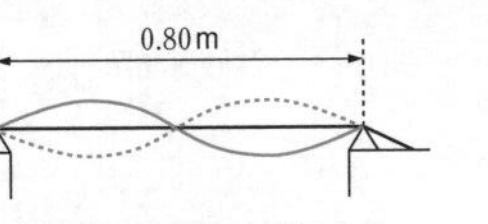

定常波のようすは上図のようになる。
波長 λ〔m〕は，上図より，弦の長さ l〔m〕と同じであることがわかる。$\lambda=l$ より，

$\lambda=$（ア 0.80 ）〔イ m 〕

$v=f\lambda$ より，弦の振動数 f〔Hz〕は

$f=\dfrac{v}{\lambda}=\dfrac{（ウ\ 200\ ）〔エ\ \text{m/s}\ 〕}{（オ\ 0.80\ ）〔カ\ \text{m}\ 〕}=250\ \text{Hz}$

$=2.5\times10^2\ \text{Hz}$

4 長さ 2.0 m の弦に腹が 2 個の定常波が生じている場合，定常波のようすと定常波の波長，弦の振動数を求めよ。弦を伝わる波の速さは 200 m/s とする。

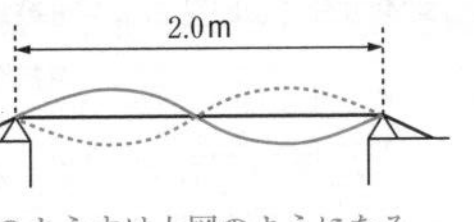

定常波のようすは上図のようになる。
波長 λ〔m〕は，上図より，弦の長さ l〔m〕と同じであることがわかる。$\lambda=l$ より，

$\lambda=2.0\ \text{m}$

$v=f\lambda$ より，弦の振動数 f〔Hz〕は

$f=\dfrac{v}{\lambda}=\dfrac{200\ \text{m/s}}{2.0\ \text{m}}=100\ \text{Hz}$

$=1.0\times10^2\ \text{Hz}$

波長　2.0 m
振動数　1.0×10^2 Hz

例題 3 3 倍振動

長さ 1.2 m の弦に腹が 3 個の定常波が生じている場合，定常波のようすと定常波の波長，弦の振動数を求めよ。なお，弦を伝わる波の速さは 400 m/s とする。

解法 定常波のようすは次のようになる。

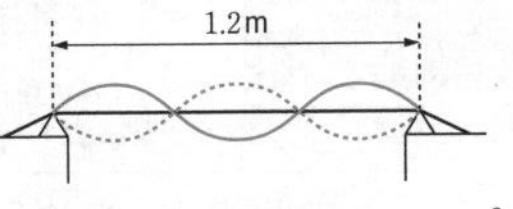

波長 λ〔m〕は，上図より，弦の長さ l〔m〕の $\dfrac{2}{3}$ 倍であることがわかる。$\lambda=\dfrac{2}{3}l$ より，

$\lambda=\dfrac{2}{3}\times1.2\ \text{m}=0.80\ \text{m}$

$v=f\lambda$ より，弦の振動数 f〔Hz〕は

$f=\dfrac{v}{\lambda}=\dfrac{400\ \text{m/s}}{0.80\ \text{m}}=500\ \text{Hz}$

$=5.0\times10^2\ \text{Hz}$

答 **波長 0.80 m，振動数 5.0×10^2 Hz**

5 長さ 2.1 m の弦に腹が 3 個の定常波が生じている場合，定常波のようすと定常波の波長，弦の振動数を求めよ。弦を伝わる波の速さは 420 m/s とする。なお，（　）内には数値を，〔　〕内には単位を入れよ。

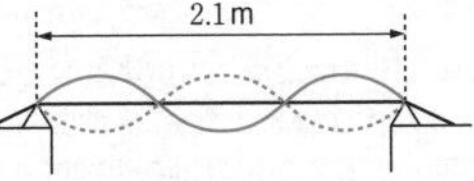

定常波のようすは上図のようになる。
波長 λ〔m〕は，上図より，弦の長さ l〔m〕の $\dfrac{2}{3}$ 倍であることがわかる。$\lambda=\dfrac{2}{3}l$ より，

$\dfrac{2}{3}\times$（ア 2.1 ）〔イ m 〕$=1.4\ \text{m}$

$v=f\lambda$ より，弦の振動数 f〔Hz〕は

$f=\dfrac{v}{\lambda}=\dfrac{（ウ\ 420\ ）〔エ\ \text{m/s}\ 〕}{（オ\ 1.4\ ）〔カ\ \text{m}\ 〕}=300\ \text{Hz}$

$=3.0\times10^2\ \text{Hz}$

6 長さ 0.60 m の弦に腹が 3 個の定常波が生じている場合，定常波のようすと定常波の波長，弦の振動数を求めよ。弦を伝わる波の速さは 200 m/s とする。

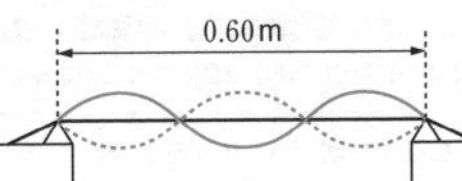

定常波のようすは上図のようになる。
波長 λ〔m〕は，上図より，弦の長さ l〔m〕の $\dfrac{2}{3}$ 倍であることがわかる。$\lambda=\dfrac{2}{3}l$ より，

$\lambda=\dfrac{2}{3}\times0.60\ \text{m}=0.40\ \text{m}$

$v=f\lambda$ より，弦の振動数 f〔Hz〕は

$f=\dfrac{v}{\lambda}=\dfrac{200\ \text{m/s}}{0.40\ \text{m}}=500\ \text{Hz}$

$=5.0\times10^2\ \text{Hz}$

波長　0.40 m
振動数　5.0×10^2 Hz

弦をはじくと，両端を節とする定常波が生じる。

腹が 1 個の定常波に対して，2 個，3 個と増えるにつれて，振動数も 2 倍，3 倍となる。

7 気柱の振動と共鳴

※以下の問題では，開口端補正は無視できるものとする。

例題 1 開管の基本振動

長さ 0.170 m の開管内の気柱に基本振動が生じている場合，気柱の振動のようすと波長，固有振動数を求めよ。なお，空気中を伝わる音の速さは 340 m/s とする。

解法 定常波のようすは右図のようになる。

0.170m

波長は，図より，管の長さの 2 倍であることがわかる。したがって，

$\lambda=2l=2\times0.170\ \text{m}=0.340\ \text{m}$

$V=f\lambda$ より，固有振動数は

$f=\dfrac{V}{\lambda}=\dfrac{340\ \text{m/s}}{0.340\ \text{m}}=1000\ \text{Hz}=1.00\times10^3\ \text{Hz}$

答 **波長 0.340 m，固有振動数 1.00×10^3 Hz**

例題 2 開管の 2 倍振動

長さ 0.170 m の開管内の気柱に 2 倍振動が生じている場合，気柱の振動のようすと波長，固有振動数を求めよ。なお，空気中を伝わる音の速さは 340 m/s とする。

解法 定常波のようすは右図のようになる。

0.170m

波長は，図より，管の長さと同じであることがわかる。したがって，

$\lambda=l=0.170\ \text{m}$

$V=f\lambda$ より，固有振動数は

$f=\dfrac{V}{\lambda}=\dfrac{340\ \text{m/s}}{0.170\ \text{m}}=2000\ \text{Hz}=2.00\times10^3\ \text{Hz}$

答 **波長 0.170 m，固有振動数 2.00×10^3 Hz**

1 長さ 0.340 m の開管内の気柱に基本振動が生じている場合，気柱の振動のようすと波長，固有振動数を求めよ。空気中を伝わる音の速さは 340 m/s とする。なお，(　)内には数値を，〔　〕内には単位を入れよ。

定常波のようすは右図のようになる。波長は，図より，管の長さの 2 倍である。

0.340m

$\lambda=2\times$(ア 0.340)〔イ m〕$=0.680$ m

$V=f\lambda$ より，固有振動数は

$f=\dfrac{V}{\lambda}=\dfrac{(ウ\ 340)〔エ\ \text{m/s}〕}{(オ\ 0.680)〔カ\ \text{m}〕}$

$=500$ Hz

2 長さ 0.680 m の開管内の気柱に基本振動が生じている場合，気柱の振動のようすと波長，固有振動数を求めよ。なお，空気中を伝わる音の速さは 340 m/s とする。

定常波のようすは右図のようになる。波長は，図より，管の長さの 2 倍である。

0.680m

$\lambda=2\times0.680\ \text{m}=1.36\ \text{m}$

$V=f\lambda$ より，固有振動数は

$f=\dfrac{V}{\lambda}=\dfrac{340\ \text{m/s}}{1.36\ \text{m}}$

$=250$ Hz

波長	1.36 m
固有振動数	250 Hz

3 長さ 0.340 m の開管内の気柱に 2 倍振動が生じている場合，気柱の振動のようすと波長，固有振動数を求めよ。空気中を伝わる音の速さは 340 m/s とする。なお，(　)内には数値を，〔　〕内には単位を入れよ。

定常波のようすは右図のようになる。波長は，図より，管の長さと同じである。

0.340m

$\lambda=$(ア 0.340)〔イ m〕

固有振動数は

$f=\dfrac{V}{\lambda}=\dfrac{(ウ\ 340)〔エ\ \text{m/s}〕}{(オ\ 0.340)〔カ\ \text{m}〕}=1000$ Hz

$=1.00\times10^3$ Hz

4 長さ 0.680 m の開管内の気柱に 2 倍振動が生じている場合，気柱の振動のようすと波長，固有振動数を求めよ。なお，空気中を伝わる音の速さは 340 m/s とする。

定常波のようすは右図のようになる。波長は，図より，管の長さと同じである。

0.680m

$\lambda=0.680$ m

$V=f\lambda$ より，固有振動数は

$f=\dfrac{V}{\lambda}=\dfrac{340\ \text{m/s}}{0.680\ \text{m}}$

$=500$ Hz

波長	0.680 m
固有振動数	500 Hz

閉管の場合，両端を腹とする定常波が生じる。

例題 3 閉管の基本振動

長さ 0.170 m の閉管内の気柱に基本振動が生じている場合，気柱の振動のようすと波長，固有振動数を求めよ。なお，空気中を伝わる音の速さは 340 m/s とする。

解法 定常波のようすは右図のようになる。

0.170m

波長は，図より，管の長さの 4 倍であることがわかる。したがって，

$\lambda=4l=4\times0.170\ \text{m}=0.680\ \text{m}$

$V=f\lambda$ より，固有振動数は

$f=\dfrac{V}{\lambda}=\dfrac{340\ \text{m/s}}{0.680\ \text{m}}=500\ \text{Hz}$

答 **波長 0.680 m，固有振動数 500 Hz**

例題 4 閉管の 3 倍振動

長さ 0.300 m の閉管内の気柱に 3 倍振動が生じている場合，気柱の振動のようすと波長，固有振動数を求めよ。なお，空気中を伝わる音の速さは 340 m/s とする。

解法 定常波のようすは右図のようになる。

0.300m

波長は，図より，管の長さの $\frac{4}{3}$ 倍であることがわかる。したがって，

$\lambda=\dfrac{4}{3}l=\dfrac{4}{3}\times0.300\ \text{m}=0.400\ \text{m}$

$V=f\lambda$ より，固有振動数は，

$f=\dfrac{V}{\lambda}=\dfrac{340\ \text{m/s}}{0.400\ \text{m}}=850\ \text{Hz}$

答 **波長 0.400 m，固有振動数 850 Hz**

5 長さ 0.340 m の閉管内の気柱に基本振動が生じている場合，気柱の振動のようすと波長，固有振動数を求めよ。空気中を伝わる音の速さは 340 m/s とする。なお，(　)内には数値を，〔　〕内には単位を入れよ。

定常波のようすは右図のようになる。波長は，図より，管の長さの 4 倍であることがわかる。したがって，

0.340m

$\lambda=4\times$(ア 0.340)〔イ m〕

$=1.36$ m

$V=f\lambda$ より，固有振動数は

$f=\dfrac{V}{\lambda}=\dfrac{(ウ\ 340)〔エ\ \text{m/s}〕}{(オ\ 1.36)〔カ\ \text{m}〕}$

$=250$ Hz

6 長さ 0.680 m の閉管内の気柱に基本振動が生じている場合，気柱の振動のようすと波長，固有振動数を求めよ。なお，空気中を伝わる音の速さは 340 m/s とする。

定常波のようすは右図のようになる。波長は，図より，管の長さの 4 倍であることがわかる。したがって，

0.680m

$\lambda=4\times0.680$ m

$=2.72$ m

$V=f\lambda$ より，固有振動数は

$f=\dfrac{V}{\lambda}=\dfrac{340\ \text{m/s}}{2.72\ \text{m}}$

$=125$ Hz

波長	2.72 m
固有振動数	125 Hz

7 長さ 0.600 m の閉管内の気柱に 3 倍振動が生じている場合，気柱の振動のようすと波長，固有振動数を求めよ。空気中を伝わる音の速さは 340 m/s とする。なお，(　)内には数値を，〔　〕内には単位を入れよ。

定常波のようすは右図のようになる。波長は，図より，管の長さの $\frac{4}{3}$ 倍であることがわかる。したがって，

0.600m

$\lambda=\dfrac{4}{3}\times$(ア 0.600)〔イ m〕$=0.800$ m

$V=f\lambda$ より，固有振動数は

$f=\dfrac{V}{\lambda}=\dfrac{(ウ\ 340)〔エ\ \text{m/s}〕}{(オ\ 0.800)〔カ\ \text{m}〕}$

$=425$ Hz

8 長さ 0.150 m の閉管内の気柱に 3 倍振動が生じている場合，気柱の振動のようすと波長，固有振動数を求めよ。空気中を伝わる音の速さは 340 m/s とする。

定常波のようすは右図のようになる。波長は，図より，管の長さの $\frac{4}{3}$ 倍であることがわかる。したがって，

0.150m

$\lambda=\dfrac{4}{3}\times0.150\ \text{m}=0.200\ \text{m}$

$V=f\lambda$ より，固有振動数は

$f=\dfrac{V}{\lambda}=\dfrac{340\ \text{m/s}}{0.200\ \text{m}}=1700\ \text{Hz}=1.70\times10^3\ \text{Hz}$

波長	0.200 m
固有振動数	1.70×10^3 Hz

閉管の場合，閉じた端が節，開いた端が腹の定常波が生じる。

8 電流と電子

例題 1 静電気

物体A，B，Cがあり，3つの物体はそれぞれ帯電(電気をもっている)しているが，正に帯電しているか負に帯電しているかはわからない。Aは電子を失って帯電したという。いま，AとBを近づけたところ，互いに引きあった。また，AとCを近づけたところ，互いに反発した。次の問いに答えよ。

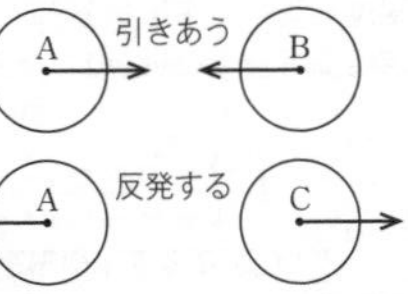

(1) Aは正に帯電しているか，負に帯電しているか。

(2) Bは正に帯電しているか，負に帯電しているか。

(3) Cは正に帯電しているか，負に帯電しているか。

解法 (1) 電子の電荷は負である。したがって，Aは電子を失ったということから，Aは正に帯電している。 **答 正に帯電している**

(2) AとBを近づけたところ，互いに引きあったということから，AとBの電荷は異符号である。Aが正に帯電していることより，Bは負に帯電している。 **答 負に帯電している**

(3) (2)と同様に考えればよい。AとCを近づけたところ，互いに反発したことより，Cは正に帯電している。 **答 正に帯電している**

1 物体A，B，Cがあり，3つの物体はそれぞれ帯電しているが，正に帯電しているか負に帯電しているかはわからない。Aは電子をもらって帯電したという。AとBは反発し，AとCは引きあった。(　)内に語句を入れよ。

A　反発する　B

A　引きあう　C

(1) Aは正に帯電しているか，負に帯電しているか。

電子の電荷は(ア 負)である。したがって，Aは電子をもらったということから，Aは(イ 負)に帯電している。

(2) Bは正に帯電しているか，負に帯電しているか。

AとBを近づけたところ，互いに反発したということから，AとBの電荷は(ウ 同)符号である。Aが(エ 負)に帯電していることより，Bは(オ 負)に帯電している。

(3) Cは正に帯電しているか，負に帯電しているか。

AとCを近づけたところ，互いに引きあったことより，Cは(カ 正)に帯電している。

2 物体A，B，Cがあり，3つの物体はそれぞれ帯電しているが，正に帯電しているか負に帯電しているかはわからない。AとBは引きあい，AとCは反発した。次の問いに答えよ。

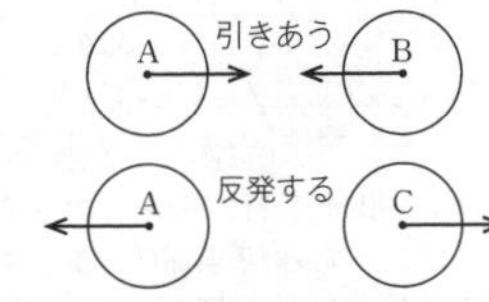

(1) BとCは反発するか，引きあうか。

AとBは引きあうことより，電荷は異符号である。AとCは反発することより，同符号である。したがって，BとCは異符号であることがわかる。よって，BとCは引きあう。

BとCは引きあう

(2) 負に帯電した棒をAに近づけたところ，Aは棒に引かれた。3つの物体の帯電は正か負か。

A　引かれた　棒

引かれたことより，Aは正。
AとBは引きあうことより，Bは負。
AとCは反発することより，Cは正。

A：正　B：負　C：正

例題 2 電子の移動

アクリル定規を絹布でこすると，絹布は負に帯電した。次の問いに答えよ。

(1) 電子は，どちらからどちらに移動したか。

(2) 絹布の帯電量は-3.2×10^{-10} Cであった。これより，物体間を移動した電子の個数を求めよ。電気素量を1.6×10^{-19} Cとする。

解法 (1) 絹布が負に帯電したということは，電子が絹布に移動したことを表す。
答 電子の移動：アクリル定規 ⇒ 絹布

(2) 1個の電子の電気量は-1.6×10^{-19} Cである。絹布の帯電量を，1個の電子の電気量で割れば，物体間を移動した電子の個数Nを求めることができる。したがって，

$$N=\frac{-3.2\times10^{-10}}{-1.6\times10^{-19}}=2.0\times10^{9} \text{個}$$

答 2.0×10^9 個

3 ガラス棒を紙でこすると，ガラス棒は正に帯電した。(　)内には数値や語句を，〔　〕内には単位を入れよ。

(1) 電子は，どちらからどちらに移動したか。

ガラス棒が正に帯電したということは，電子が(ア ガラス棒)から(イ 紙)に移動したことを表す。

電子の移動：(ウ ガラス棒)⇒(エ 紙)

(2) ガラス棒の帯電量は2.4×10^{-14} Cであった。これより，物体間を移動した電子の個数を求めよ。電気素量を1.6×10^{-19} Cとする。

紙の帯電量は(オ -2.4×10^{-14})〔カ C 〕である。紙の帯電量を，1個の電子の電気量で割れば，物体間を移動した電子の個数Nを求めることができる。したがって，

$$N=\frac{(\text{キ } -2.4\times10^{-14})〔\text{ク C}〕}{(\text{ケ } -1.6\times10^{-19})〔\text{コ C}〕}$$
$$=1.5\times10^{5} \text{個}$$

4 アクリル定規を絹布でこすると，電子はアクリル定規から絹布に移動した。次の問いに答えよ。

(1) 負に帯電したのはどちらか。

電子は負の電気をもっている。したがって，絹布が負に帯電する。

絹布

(2) 2つの物体はともに帯電量の絶対値が6.4×10^{-10} Cであった。これより，物体間を移動した電子の個数を求めよ。電気素量を1.6×10^{-19} Cとする。

1個の電子の電気量は-1.6×10^{-19} Cである。絹布の帯電量を，1個の電子の電気量で割れば，物体間を移動した電子の個数Nを求めることができる。したがって，

$$N=\frac{-6.4\times10^{-10}}{-1.6\times10^{-19}}=4.0\times10^{9} \text{個}$$

4.0×10^9 個

例題 3 導線を流れる電流

電流と電気量について，次の問いに答えよ。

(1) ある導線に0.10 Aの電流が10 s間流れた。運ばれた電気量を求めよ。

(2) ある導線の断面を20 s間に20 Cの電気量が運ばれた。流れた電流の大きさを求めよ。

解法 (1) 時間t〔s〕間に導線の断面を通過する電気量Q〔C〕と電流の大きさI〔A〕の関係は，

$$I=\frac{Q}{t}$$

となる。したがって，変形すると，

$Q=It=0.10\text{ A}\times10\text{ s}=1.0\text{ C}$ **答 1.0 C**

(2) 時間t〔s〕間に導線の断面を通過する電気量Q〔C〕と電流の大きさI〔A〕の関係は，$I=\frac{Q}{t}$で与えられることより，

$I=\frac{Q}{t}=\frac{20\text{ C}}{20\text{ s}}=1.0\text{ A}$ **答 1.0 A**

5 電流と電気量について，次の問いに答えよ。なお，(　)内には数値を，〔　〕内には単位を入れよ。

(1) ある導線に0.20 Aの電流が30 s間流れた。運ばれた電気量を求めよ。

$I=\frac{Q}{t}$ となることより，

$Q=It=$(ア 0.20)〔イ A 〕×(ウ 30)〔エ s 〕
$=6.0$ C

※ア・イとウ・エは順不同

(2) ある導線の断面を20 s間に30 Cの電気量が運ばれた。流れた電流の大きさを求めよ。

$I=\frac{Q}{t}$ となることより，

$$I=\frac{Q}{t}=\frac{(\text{オ } 30)〔\text{カ C}〕}{(\text{キ } 20)〔\text{ク s}〕}=1.5\text{ A}$$

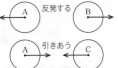

帯電した物体どうしが反発する場合は同符号，引きあう場合は異符号の電荷であると判断できる。

I〔A〕：電流の大きさ　Q〔C〕：電気量　t〔s〕：時間

9 オームの法則①

例題 1 オームの法則

次の問いに答えよ。

(1) 3.0 Ωの抵抗に，1.0 A の電流を流すのに必要な電圧を求めよ。

(2) 5.0 Ωの抵抗に 2.0 V の電圧を加えた。抵抗に流れる電流の大きさを求めよ。

(3) ある抵抗に，50 V の電圧を加えたところ，抵抗には 2.0 A の大きさの電流が流れた。この抵抗の抵抗値を求めよ。

解法 (1) オームの法則 $V=RI$ より，

$V=RI=3.0\ \Omega\times1.0\ \text{A}=3.0\ \text{V}$　　**答 3.0 V**

(2) オームの法則 $V=RI$ を変形して，

$I=\dfrac{V}{R}=\dfrac{2.0\ \text{V}}{5.0\ \Omega}=0.40\ \text{A}$　　**答 0.40 A**

(3) $R=\dfrac{V}{I}=\dfrac{50\ \text{V}}{2.0\ \text{A}}=25\ \Omega$　　**答 25 Ω**

1 次の問いに答えよ。なお，(　　)内には数値を，〔　　〕内には単位を入れよ。

(1) 2.0 Ωの抵抗に，0.50 A の電流を流すのに必要な電圧を求めよ。

オームの法則 $V=RI$ より，

$V=RI$

$=($ア 2.0$)$〔イ Ω〕$\times($ウ 0.50$)$〔エ A〕

※ア・イとウ・エは順不同

$=1.0\ \text{V}$

(2) 4.0 Ωの抵抗に 1.0 V の電圧を加えた。抵抗に流れる電流の大きさを求めよ。

$I=\dfrac{V}{R}=\dfrac{(\text{オ } 1.0)〔\text{カ V}〕}{(\text{キ } 4.0)〔\text{ク } \Omega〕}$

$=0.25\ \text{A}$

(3) ある抵抗に，100 V の電圧を加えたところ，抵抗には 0.50 A の大きさの電流が流れた。この抵抗の抵抗値を求めよ。

$R=\dfrac{V}{I}=\dfrac{(\text{ケ } 100)〔\text{コ V}〕}{(\text{サ } 0.50)〔\text{シ A}〕}=200\ \Omega$

$=2.0\times10^2\ \Omega$

2 次の問いに答えよ。

(1) 4.0 Ωの抵抗に，2.0 A の大きさの電流を流すのに必要な電圧を求めよ。

オームの法則 $V=RI$ より，

$V=RI=4.0\ \Omega\times2.0\ \text{A}=8.0\ \text{V}$

8.0 V

(2) 20 Ωの抵抗に 3.0 V の電圧を加えた。抵抗に流れる電流の大きさを求めよ。

$I=\dfrac{V}{R}=\dfrac{3.0\ \text{V}}{20\ \Omega}=0.15\ \text{A}$

0.15 A

(3) ある抵抗に，10 V の電圧を加えたところ，抵抗には 0.10 A の大きさの電流が流れた。この抵抗の抵抗値を求めよ。

$R=\dfrac{V}{I}=\dfrac{10\ \text{V}}{0.10\ \text{A}}=100\ \Omega$

$=1.0\times10^2\ \Omega$

$1.0\times10^2\ \Omega$

例題 2 電気抵抗

3つの抵抗①，②，③を用意し，それぞれの抵抗について抵抗に流れる電流と抵抗に加えた電圧の関係を調べたところ，グラフのようになった。抵抗①の値を求めよ。

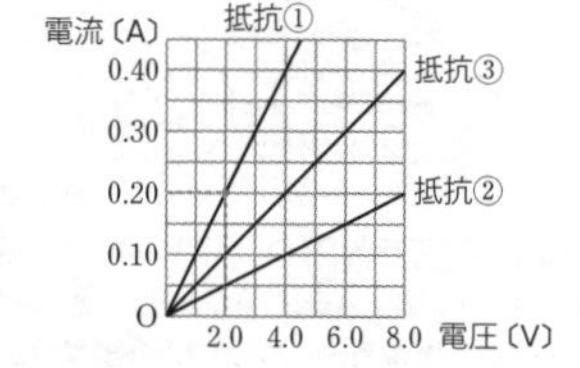

解法 グラフの通る点(2.0 V のときに 0.20 A である)を考えて，オームの法則 $V=RI$ より求める。

抵抗①：$R=\dfrac{V}{I}=\dfrac{2.0\ \text{V}}{0.20\ \text{A}}=10\ \Omega$　　**答 10 Ω**

3 例題2のグラフより，抵抗②の値を求めよ。なお，(　　)内には数値を，〔　　〕内には単位を入れよ。

グラフの通る点(4.0 V のときに 0.10 A である)を考えて，

抵抗②：$R=\dfrac{V}{I}=\dfrac{(\text{ア } 4.0)〔\text{イ V}〕}{(\text{ウ } 0.10)〔\text{エ A}〕}$

$=40\ \Omega$

4 例題2のグラフより，抵抗③の値を求めよ。

グラフの通る点(2.0 V のときに 0.10 A である)を考えて，

抵抗③：$R=\dfrac{V}{I}=\dfrac{2.0\ \text{V}}{0.10\ \text{A}}=20\ \Omega$

20 Ω

例題 3 抵抗の直列接続

40 Ωと 20 Ωの抵抗を直列接続し，30 V の電源に接続した。次の問いに答えよ。

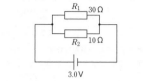

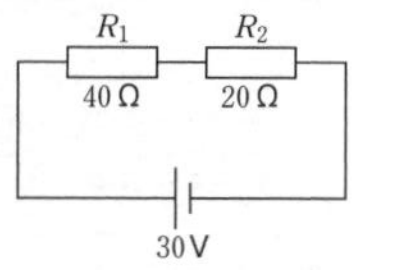

(1) 合成抵抗を求めよ。

(2) 各抵抗に流れる電流の大きさを求めよ。

解法 (1) 合成抵抗 R は，

$R=R_1+R_2=40+20=60\ \Omega$　　**答 60 Ω**

(2) 合成抵抗が 60 Ω，電圧が 30 V であるから，回路全体に流れる電流は，オームの法則より，

$I=\dfrac{V}{R}=\dfrac{30}{60}=0.50\ \text{A}$

となる。直列接続なので，各抵抗に流れる電流も 0.50 A である。　　**答 どちらも 0.50 A**

5 20 Ωと 30 Ωの抵抗を直列接続し，40 V の電源に接続した。次の問いに答えよ。なお，(　　)内には数値を，〔　　〕内には単位を入れよ。

(R_1 20 Ω，R_2 30 Ω，40 V)

(1) 合成抵抗を求めよ。

合成抵抗 R は，

$R=R_1+R_2$

$=($ア 20$)$〔イ Ω〕$+($ウ 30$)$〔エ Ω〕

※アとウは順不同

$=50\ \Omega$

(2) 各抵抗に流れる電流の大きさを求めよ。

合成抵抗が(オ 50)〔カ Ω〕，電圧が(キ 40)〔ク V〕であるから，回路全体に流れる電流は，

$I=\dfrac{V}{R}=\dfrac{(\text{ケ } 40)〔\text{コ V}〕}{(\text{サ } 50)〔\text{シ } \Omega〕}=0.80\ \text{A}$

となる。直列接続なので，各抵抗に流れる電流も(ス 0.80)A である。

6 12 Ωと 24 Ωの抵抗を直列接続し，7.2 V の電源に接続した。合成抵抗と回路全体に流れる電流の大きさを求めよ。

合成抵抗 R は，

$R=R_1+R_2=12\ \Omega+24\ \Omega=36\ \Omega$

回路全体に流れる電流 I は，

$I=\dfrac{V}{R}=\dfrac{7.2\ \text{V}}{36\ \Omega}=0.20\ \text{A}$

合成抵抗　36 Ω

電流　0.20 A

例題 4 抵抗の並列接続

30 Ωと 10 Ωの抵抗を並列接続し，3.0 V の電源に接続した。次の問いに答えよ。

(R_1 30 Ω，R_2 10 Ω，3.0V)

(1) 合成抵抗を求めよ。

(2) 回路全体に流れる電流の大きさを求めよ。

解法

(1) $\dfrac{1}{R}=\dfrac{1}{R_1}+\dfrac{1}{R_2}=\dfrac{1}{30\ \Omega}+\dfrac{1}{10\ \Omega}=\dfrac{4}{30}\dfrac{1}{\Omega}$

よって，合成抵抗 R は，

$R=\dfrac{30}{4}\ \Omega=7.5\ \Omega$　　**答 7.5 Ω**

(2) 合成抵抗が 7.5 Ω，電源の電圧が 3.0 V であるから，回路全体に流れる電流は，

$I=\dfrac{V}{R}=\dfrac{3.0\ \text{V}}{7.5\ \Omega}=0.40\ \text{A}$　　**答 0.40 A**

7 40 Ωと 60 Ωの抵抗を並列接続し，7.2 V の電源に接続した。次の問いに答えよ。なお，(　　)内には数値を，〔　　〕内には単位を入れよ。

(R_1 40 Ω，R_2 60 Ω，7.2V)

(1) 合成抵抗を求めよ。

$\dfrac{1}{R}=\dfrac{1}{R_1}+\dfrac{1}{R_2}$

$=\dfrac{1}{(\text{ア } 40)〔\text{イ } \Omega〕}+\dfrac{1}{(\text{ウ } 60)〔\text{エ } \Omega〕}$

※アとウは順不同

$=\dfrac{5}{120}\dfrac{1}{\Omega}=\dfrac{1}{24\ \Omega}$

よって，合成抵抗 R は，

$R=($オ 24$)$〔カ Ω〕

(2) 回路全体に流れる電流の大きさを求めよ。

回路全体に流れる電流 I は，

$I=\dfrac{V}{R}=\dfrac{(\text{キ } 7.2)〔\text{ク V}〕}{(\text{ケ } 24)〔\text{コ } \Omega〕}=0.30\ \text{A}$

8 12 Ωと 24 Ωの抵抗を並列接続した。合成抵抗を求めよ。

$\dfrac{1}{R}=\dfrac{1}{R_1}+\dfrac{1}{R_2}=\dfrac{1}{12\ \Omega}+\dfrac{1}{24\ \Omega}=\dfrac{3}{24}\dfrac{1}{\Omega}$

よって，合成抵抗 R は，

$R=\dfrac{24}{3}\ \Omega=8.0\ \Omega$

8.0 Ω

☑ V〔V〕：電圧　R〔Ω〕：抵抗　I〔A〕：電流

合成抵抗は，直列接続の場合は各抵抗より大きくなり，並列接続の場合は小さくなる。

10 オームの法則②

例題 1 合成抵抗①

3つの抵抗 24 Ω，60 Ω，90 Ωを用いて，図のような回路を構成した。次の問いに答えよ。

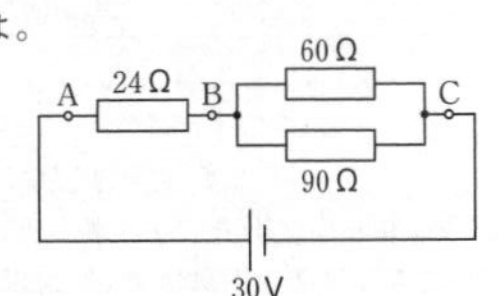

(1) AC 間の合成抵抗を求めよ。
(2) 回路全体に流れる電流の大きさを求めよ。

解法 (1) BC 間の合成抵抗は，

$\frac{1}{R}=\frac{1}{60}+\frac{1}{90}=\frac{5}{180}\frac{1}{\Omega}$　$R=\frac{180}{5}=36\ \Omega$

AC 間の合成抵抗は，
$24\ \Omega+36\ \Omega=60\ \Omega$　**答 60 Ω**

(2) 回路全体の合成抵抗は 60 Ω，電圧が 30 V であることより，回路全体に流れる電流は，

$I=\frac{V}{R}=\frac{30\ \mathrm{V}}{60\ \Omega}=0.50\ \mathrm{A}$　**答 0.50 A**

1 3つの抵抗 14 Ω，15 Ω，10 Ωを用いて，図のような回路を構成した。次の問いに答えよ。なお，(　)内には数値を，〔　〕内には単位を入れよ。

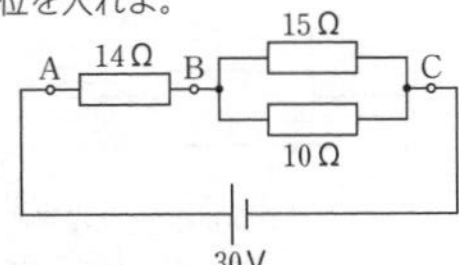

(1) AC 間の合成抵抗を求めよ。

BC 間の合成抵抗は，

$\frac{1}{R}=\frac{1}{(^{ア}\ 15\ )}+\frac{1}{(^{イ}\ 10\ )}=\frac{5}{30}\frac{1}{\Omega}$　※アとイは順不同

$R=\frac{(^{ウ}\ 30\ )}{5}〔^{エ}\ \Omega\ 〕=6.0\ \Omega$

AC 間の合成抵抗は，

$(^{オ}\ 14\ )〔^{カ}\ \Omega\ 〕+(^{キ}\ 6.0\ )〔^{ク}\ \Omega\ 〕$　※オとキは順不同

$=20\ \Omega$

(2) 回路全体に流れる電流の大きさを求めよ。

回路全体に流れる電流は，

$I=\frac{V}{R}=\frac{(^{ケ}\ 30\ )〔^{コ}\ \mathrm{V}\ 〕}{(^{サ}\ 20\ )〔^{シ}\ \Omega\ 〕}=1.5\ \mathrm{A}$

2 3つの抵抗 20 Ω，60 Ω，40 Ωを用いて，図のような回路を構成した。次の問いに答えよ。

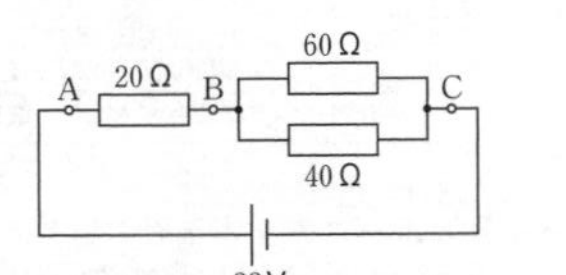

(1) AC 間の合成抵抗を求めよ。

BC 間の合成抵抗は，

$\frac{1}{R}=\frac{1}{60}+\frac{1}{40}=\frac{5}{120}\frac{1}{\Omega}=\frac{1}{24\ \Omega}$

$R=24\ \Omega$

AC 間の合成抵抗は，

$20\ \Omega+24\ \Omega=44\ \Omega$

44 Ω

(2) 回路全体に流れる電流の大きさを求めよ。

回路全体の合成抵抗は 44 Ω，電圧が 22 V であることより，回路全体に流れる電流は，

$I=\frac{V}{R}=\frac{22\ \mathrm{V}}{44\ \Omega}=0.50\ \mathrm{A}$

0.50 A

例題 2 合成抵抗②

3つの抵抗 10 Ω，20 Ω，30 Ωを用いて，図のような回路を構成した。次の問いに答えよ。

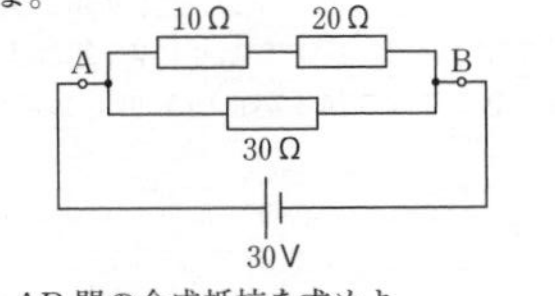

(1) AB 間の合成抵抗を求めよ。
(2) 各抵抗に流れる電流の大きさを求めよ。

解法 (1) 直列接続の合成抵抗は
$10\ \Omega+20\ \Omega=30\ \Omega$
30 Ωと 30 Ωの並列接続の合成抵抗は，

$\frac{1}{R}=\frac{1}{30\ \Omega}+\frac{1}{30\ \Omega}=\frac{2}{30}\frac{1}{\Omega}=\frac{1}{15\ \Omega}$

よって，AB 間の合成抵抗は 15 Ω　**答 15 Ω**

(2) 回路全体に流れる電流は，

$I=\frac{V}{R}=\frac{30\ \mathrm{V}}{15\ \Omega}=2.0\ \mathrm{A}$

30 Ωの抵抗に加わる電圧は 30 V であることより，流れる電流は

$I=\frac{V}{R}=\frac{30\ \mathrm{V}}{30\ \Omega}=1.0\ \mathrm{A}$

したがって，10 Ω，20 Ωに流れる電流はともに $2.0\ \mathrm{A}-1.0\ \mathrm{A}=1.0\ \mathrm{A}$ である。

答 10 Ω：1.0 A　20 Ω：1.0 A　30 Ω：1.0 A

3 3つの抵抗 12 Ω，24 Ω，72 Ωを用いて，図のような回路を構成した。次の問いに答えよ。なお，(　)内には数値を，〔　〕内には単位を入れよ。

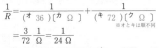

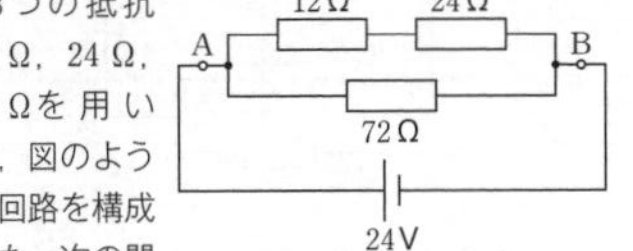

(1) AB 間の合成抵抗を求めよ。

直列接続の合成抵抗は

$(^{ア}\ 12\ )〔^{イ}\ \Omega\ 〕+(^{ウ}\ 24\ )〔^{エ}\ \Omega\ 〕$　※アとウは順不同

$=36\ \Omega$

これと 72 Ωの並列接続の合成抵抗は，

$\frac{1}{R}=\frac{1}{(^{オ}\ 36\ )〔^{カ}\ \Omega\ 〕}+\frac{1}{(^{キ}\ 72\ )〔^{ク}\ \Omega\ 〕}$　※オとキは順不同

$=\frac{3}{72}\frac{1}{\Omega}=\frac{1}{24\ \Omega}$

よって，AB 間の合成抵抗は$(^{ケ}\ 24\ )〔^{コ}\ \Omega\ 〕$

(2) 各抵抗に流れる電流の大きさを求めよ。

回路全体に流れる電流は，

$I=\frac{V}{R}=\frac{(^{サ}\ 24\ )〔^{シ}\ \mathrm{V}\ 〕}{(^{ス}\ 24\ )〔^{セ}\ \Omega\ 〕}$

$=1.0\ \mathrm{A}$

72 Ωの抵抗に加わる電圧は 24 V であることより，流れる電流は

$I=\frac{V}{R}=\frac{(^{ソ}\ 24\ )〔^{タ}\ \mathrm{V}\ 〕}{(^{チ}\ 72\ )〔^{ツ}\ \Omega\ 〕}$

$=0.333\cdots\mathrm{A}\fallingdotseq0.33\ \mathrm{A}$

したがって，12 Ω，24 Ωに流れる電流はともに $1.0\ \mathrm{A}-0.33\ \mathrm{A}=0.67\ \mathrm{A}$ である。

4 3つの抵抗 20 Ω，40 Ω，30 Ωを用いて，図のような回路を構成した。次の問いに答えよ。

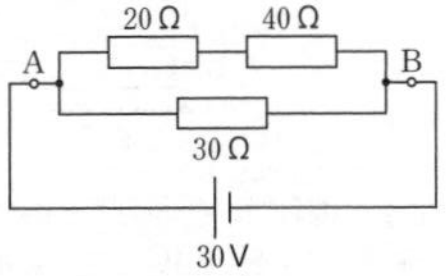

(1) AB 間の合成抵抗を求めよ。

直列接続の合成抵抗は $20\ \Omega+40\ \Omega=60\ \Omega$

60 Ωと 30 Ωの並列接続の合成抵抗は，

$\frac{1}{R}=\frac{1}{60\ \Omega}+\frac{1}{30\ \Omega}=\frac{3}{60}\frac{1}{\Omega}=\frac{1}{20\ \Omega}$

よって，AB 間の合成抵抗は 20 Ω

20 Ω

(2) 各抵抗に流れる電流の大きさを求めよ。

回路全体に流れる電流は

$I=\frac{V}{R}=\frac{30\ \mathrm{V}}{20\ \Omega}=1.5\ \mathrm{A}$

30 Ωの抵抗に加わる電圧は 30 V であることより，流れる電流は

$I=\frac{V}{R}=\frac{30\ \mathrm{V}}{30\ \Omega}=1.0\ \mathrm{A}$

したがって，20 Ω，40 Ωに流れる電流はともに $1.5\ \mathrm{A}-1.0\ \mathrm{A}=0.5\ \mathrm{A}$ である。

20 Ω：0.5 A　40 Ω：0.5 A　30 Ω：1.0 A

例題 3 金属の抵抗率

ニクロムの抵抗率は $1.1\times10^{-6}\ \Omega\cdot\mathrm{m}$ である。断面積が $1.0\times10^{-6}\ \mathrm{m}^2$，長さが 2.0 m のニクロム線の抵抗値を求めよ。

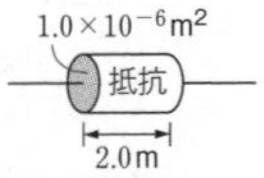

解法 抵抗 R は，抵抗率 ρ，抵抗の断面積 S，抵抗の長さ l とすると，$R=\rho\frac{l}{S}$ で表される。

$R=\rho\frac{l}{S}=1.1\times10^{-6}\ \Omega\cdot\mathrm{m}\times\frac{2.0\ \mathrm{m}}{1.0\times10^{-6}\ \mathrm{m}^2}$

$=2.2\ \Omega$　**答 2.2 Ω**

5 ニクロムの抵抗率は $1.1\times10^{-6}\ \Omega\cdot\mathrm{m}$ である。断面積が $4.0\times10^{-6}\ \mathrm{m}^2$，長さが 2.0 m のニクロム線の抵抗値を求めよ。なお，(　)内には数値を，〔　〕内には単位を入れよ。

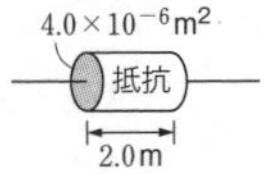

抵抗 R は，$R=\rho\frac{l}{S}$ で表される。

$\rho=(^{ア}\ 1.1\times10^{-6}\ )〔^{イ}\ \Omega\cdot\mathrm{m}\ 〕$
$S=(^{ウ}\ 4.0\times10^{-6}\ )〔^{エ}\ \mathrm{m}^2\ 〕$
$l=(^{オ}\ 2.0\ )〔^{カ}\ \mathrm{m}\ 〕$を代入すると，

$R=\rho\frac{l}{S}$

$=(^{キ}\ 1.1\times10^{-6}\ )\times\frac{(^{ク}\ 2.0\ )}{(^{ケ}\ 4.0\times10^{-6}\ )}$

$=0.55\ \Omega$

11 電力と電力量

例題 1 電力

次の問いに答えよ。

(1) 抵抗に 3.0 V の電圧を加えたところ，0.20 A の電流が流れた。抵抗の消費電力を求めよ。

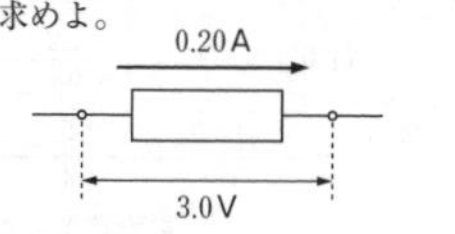

(2) 抵抗に 0.50 A の電流を流したところ，抵抗の消費電力が 2.0 W であった。抵抗に加えた電圧を求めよ。

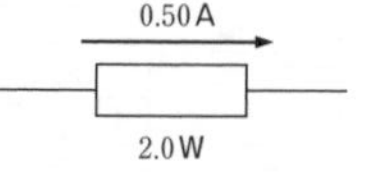

(3) 抵抗に 3.0 V の電圧を加えたところ，抵抗の消費電力が 0.75 W であった。抵抗に流れた電流の大きさを求めよ。

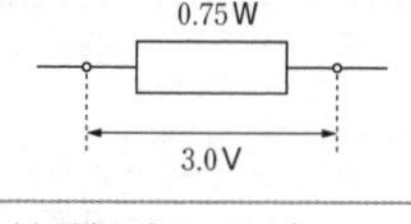

解法 (1) 電力の式 $P=IV$ より

$P=IV=0.20\text{ A}\times3.0\text{ V}=0.60\text{ W}$ 　答 **0.60 W**

(2) $V=\dfrac{P}{I}=\dfrac{2.0\text{ W}}{0.50\text{ A}}=4.0\text{ V}$ 　答 **4.0 V**

(3) $I=\dfrac{P}{V}=\dfrac{0.75\text{ W}}{3.0\text{ V}}=0.25\text{ A}$ 　答 **0.25 A**

1 次の問いに答えよ。なお，（　）内には数値を，〔　〕内には単位を入れよ。

(1) 抵抗に 5.0 V の電圧を加えたところ，0.10 A の電流が流れた。抵抗の消費電力を求めよ。

電力の式 $P=IV$ より

$P=IV$

$=($ア 0.10$)$〔イ A〕$\times($ウ 5.0$)$〔エ V〕

※ア・イとウ・エは順不同

$=0.50\text{ W}$

(2) 抵抗に 1.0 A の電流を流したところ，抵抗の消費電力が 3.0 W であった。抵抗に加えた電圧を求めよ。

$V=\dfrac{P}{I}=\dfrac{(\text{オ } 3.0)〔\text{カ W}〕}{(\text{キ } 1.0)〔\text{ク A}〕}$

$=3.0\text{ V}$

(3) 抵抗に 5.0 V の電圧を加えたところ，抵抗の消費電力が 2.5 W であった。抵抗に流れた電流の大きさを求めよ。

$I=\dfrac{P}{V}=\dfrac{(\text{ケ } 2.5)〔\text{コ W}〕}{(\text{サ } 5.0)〔\text{シ V}〕}$

$=0.50\text{ A}$

2 次の問いに答えよ。

(1) 抵抗に 4.0 V の電圧を加えたところ，0.25 A の電流が流れた。抵抗の消費電力を求めよ。

電力の式 $P=IV$ より

$P=IV=0.25\text{ A}\times4.0\text{ V}=1.0\text{ W}$

1.0 W

(2) 抵抗に 0.40 A の電流を流したところ，抵抗の消費電力が 1.0 W であった。抵抗に加えた電圧を求めよ。

$V=\dfrac{P}{I}=\dfrac{1.0\text{ W}}{0.40\text{ A}}=2.5\text{ V}$

2.5 V

(3) 抵抗に 4.0 V の電圧を加えたところ，抵抗の消費電力が 3.6 W であった。抵抗に流れた電流の大きさを求めよ。

$I=\dfrac{P}{V}=\dfrac{3.6\text{ W}}{4.0\text{ V}}=0.90\text{ A}$

0.90 A

例題 2 ジュールの法則

100 V の電圧を加えると，5.0 A の電流が流れる電熱器がある。次の問いに答えよ。

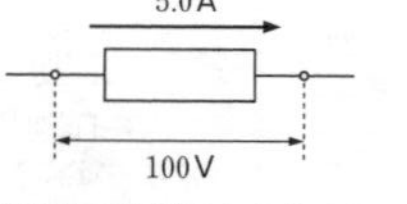

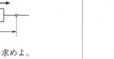

(1) この電熱器の消費電力を求めよ。

(2) 60 s 間で発生するジュール熱を求めよ。

解法 (1) 電力の式 $P=IV$ より

$P=IV=5.0\text{ A}\times100\text{ V}$

$=5.0\times10^2\text{ W}$ 　答 **5.0×10^2 W**

(2) 発生するジュール熱 Q は，

$Q=IVt=Pt$

$=5.0\times10^2\text{ W}\times60\text{ s}$

$=300\times10^2\text{ J}$

$=3.0\times10^4\text{ J}$ 　答 **3.0×10^4 J**

3 40 V の電圧を加えると，2.0 A の電流が流れる電熱器がある。次の問いに答えよ。なお，（　）内には数値を，〔　〕内には単位を入れよ。

2.0 A
40 V

(1) この電熱器の消費電力を求めよ。

電力の式 $P=IV$ より

$P=IV$

$=($ア 2.0$)$〔イ A〕$\times($ウ 40$)$〔エ V〕

※ア・イとウ・エは順不同

$=80\text{ W}$

(2) 20 s 間で発生するジュール熱を求めよ。

発生するジュール熱 Q は，

$Q=IVt=Pt$

$=($オ 80$)$〔カ W〕$\times($キ 20$)$〔ク s〕

※オ・カとキ・クは順不同

$=1.6\times10^3\text{ J}$

4 50 V の電圧を加えると，3.0 A の電流が流れる電熱器がある。次の問いに答えよ。

(1) この電熱器の消費電力を求めよ。

電力の式 $P=IV$ より

$P=IV=3.0\text{ A}\times50\text{ V}$

$=1.5\times10^2\text{ W}$

1.5×10^2 W

(2) 30 s 間で発生するジュール熱を求めよ。

発生するジュール熱 Q は，

$Q=IVt=Pt$

$=1.5\times10^2\text{ W}\times30\text{ s}$

$=4.5\times10^3\text{ J}$

4.5×10^3 J

例題 3 消費電力

40 Ω と 20 Ω の抵抗を並列接続し，8.0 V の電源に接続した。各抵抗の消費電力を求めよ。

R_1 40 Ω
R_2 20 Ω
8.0 V

解法 並列接続の場合は，各抵抗に加わる電圧は電源の電圧に等しい。したがって，消費電力は，

40 Ω：$P_1=I_1V=\dfrac{V^2}{R_1}=\dfrac{(8.0\text{ V})^2}{40\ \Omega}=1.6\text{ W}$

20 Ω：$P_2=I_2V=\dfrac{V^2}{R_2}=\dfrac{(8.0\text{ V})^2}{20\ \Omega}=3.2\text{ W}$

答 **40 Ω：1.6 W，20 Ω：3.2 W**

5 25 Ω と 50 Ω の抵抗を並列接続し，5.0 V の電源に接続した。各抵抗の消費電力を求めよ。なお，（　）内には数値を，〔　〕内には単位を入れよ。

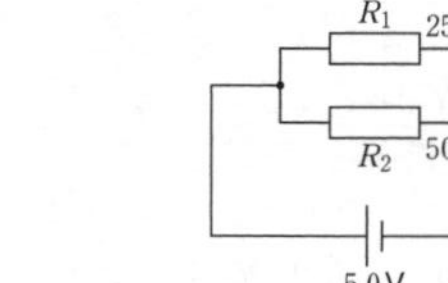

並列接続の場合は，各抵抗に加わる電圧は電源の電圧に等しい。したがって，消費電力は，

25 Ω：$P_1=I_1V=\dfrac{V^2}{R_1}$

$=\dfrac{((\text{ア } 5.0)〔\text{イ V}〕)^2}{(\text{ウ } 25)〔\text{エ } \Omega〕}$

$=1.0\text{ W}$

50 Ω：$P_2=I_2V=\dfrac{V^2}{R_2}$

$=\dfrac{((\text{オ } 5.0)〔\text{カ V}〕)^2}{(\text{キ } 50)〔\text{ク } \Omega〕}$

$=0.50\text{ W}$

6 30 Ω と 40 Ω の抵抗を並列接続し，6.0 V の電源に接続した。各抵抗の消費電力を求めよ。

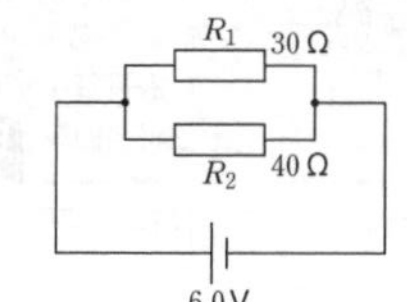

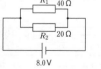

並列接続の場合は，各抵抗に加わる電圧は電源の電圧に等しい。したがって，消費電力は，

30 Ω：$P_1=I_1V=\dfrac{V^2}{R_1}$

$=\dfrac{(6.0\text{ V})^2}{30\ \Omega}$

$=1.2\text{ W}$

40 Ω：$P_2=I_2V=\dfrac{V^2}{R_2}$

$=\dfrac{(6.0\text{ V})^2}{40\ \Omega}$

$=0.90\text{ W}$

30 Ω：1.2 W　40 Ω：0.90 W

消費電力は $P=IV$ で，単位は〔W〕である。電力量は，消費電力と時間の積である。

各抵抗で消費する電力の和は，合成抵抗と電源の電圧より求める消費電力に等しい。

12 発電と送電

例題 1 電磁誘導

図のように，磁石のN極を下方に動かし，コイルに近づけた。このとき，回路に流れる電流は(ア)の向きに流れた。次の問いに答えよ。

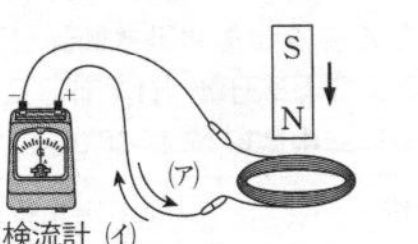

(1) 磁石のN極を上方に動かすと誘導電流はどちら向きに流れるか。

(2) 磁石の動かし方を速くすると，流れる電流の大きさはどうなるか。

解法 (1) コイルにN極を近づけると，コイルを貫く下向きの磁力線が増加して誘導電流が(ア)の向きに流れる。それに対して，N極を上方(コイルより遠ざける)に動かすと，コイルを貫く下向きの磁力線が減少する。したがって，誘導電流は(イ)の向きに流れる。 **答** (イ)

(2) コイルを貫く磁場の時間変化が大きいほど，誘導電流の大きさは大きくなる。 **答** 大きくなる

1 図のように，磁石のN極を上方に動かし，コイルより遠ざけた。このとき，回路に流れる電流は(イ)の向きに流れた。(　　)内に語句を入れよ。

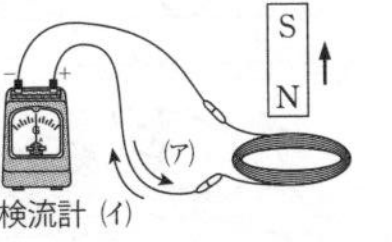

(1) 磁石のN極を下方に動かすと誘導電流はどちら向きに流れるか。

コイルよりN極を遠ざけると，コイルを貫く(ア 上)向きの磁力線が増加して誘導電流が(イ)の向きに流れる。それに対して，コイルにN極を近づけると，コイルを貫く(イ 下)向きの磁力線が増加して誘導電流が(ウ (ア))の向きに流れる。

(2) 磁石の動かし方を速くすると，流れる電流の大きさはどうなるか。

コイルを貫く磁場の時間変化が大きいほど(エ 誘導電流)の大きさは大きくなる。

2 図のように，磁石のS極を下方に動かし，コイルに近づけた。次の問いに答えよ。

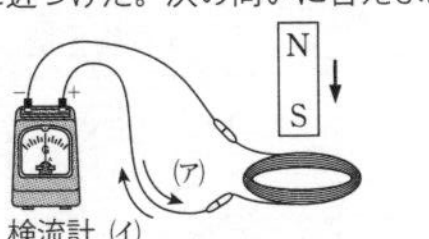

(1) 誘導電流はどちら向きに流れるか。

コイルにS極を近づけると，コイルを貫く上向きの磁力線が増加して誘導電流が(イ)の向きに流れる。

(イ)

(2) 磁石の動かし方を遅くすると，流れる電流の大きさはどうなるか。

コイルを貫く磁場の時間変化が小さいので，誘導電流の大きさははじめに比べて小さくなる。

小さくなる

例題 2 電力の損失

送電線の抵抗は1.0 Ωである。次の問いに答えよ。

(1) 送電線に流れる電流が2.0 Aの場合，送電における電力損失を求めよ。

(2) 送電線に流れる電流が1.0 Aの場合，送電における電力損失を求めよ。

解法 (1) 送電線での電力損失Pは，

$P=RI^2=1.0\ \Omega\times(2.0\ \mathrm{A})^2$

$=4.0\ \mathrm{W}$ **答** 4.0 W

(2) 送電線での電力損失Pは，

$P=RI^2=1.0\ \Omega\times(1.0\ \mathrm{A})^2$

$=1.0\ \mathrm{W}$ **答** 1.0 W

3 送電線の抵抗は3.0 Ωである。次の問いに答えよ。なお，(　　)内には数値を，〔　　〕内には単位を入れよ。

(1) 送電線に流れる電流が0.50 Aの場合，送電における電力損失を求めよ。

送電線での電力損失Pは，

$P=RI^2$

$=($ア 3.0 $)$〔イ Ω〕$\times(($ウ 0.50 $)$〔エ A〕$)^2$

$=0.75\ \mathrm{W}$

(2) 送電線に流れる電流が2.0 Aの場合，送電における電力損失を求めよ。

送電線での電力損失Pは，

$P=RI^2$

$=($オ 3.0 $)$〔カ Ω〕$\times(($キ 2.0 $)$〔ク A〕$)^2$

$=12\ \mathrm{W}$

例題 3 送電における電力損失

交流の電気を送電線によって家庭に届ける。100 Wの電力を送電線で送ることを考え，送電線の抵抗は2.0 Ωであるとする。次の問いに答えよ。

(1) 電圧は1000 Vであった。送電線を流れる電流の大きさを求めよ。

(2) 送電における電力損失を求めよ。

(3) 電圧を2000 Vにする場合，送電における電力損失を求めよ。

解法 (1) 電力は$P=IV$で与えられる。

よって，送電線を流れる電流の大きさI_1は，

$I_1=\dfrac{P}{V_1}=\dfrac{100\ \mathrm{W}}{1000\ \mathrm{V}}=0.100\ \mathrm{A}$ **答** 0.100 A

(2) 送電線の抵抗は2.0 Ω，送電線を流れる電流は0.100 Aである。したがって，送電線での電力損失P_1は，

$P_1=RI_1^2=2.0\ \Omega\times(0.100\ \mathrm{A})^2$

$=0.020\ \mathrm{W}$

$=2.0\times10^{-2}\ \mathrm{W}$ **答** 2.0×10^{-2} W

(3) 2000 Vの場合，送電線を流れる電流は，

$I_2=\dfrac{P}{V_2}=\dfrac{100\ \mathrm{W}}{2000\ \mathrm{V}}=5.00\times10^{-2}\ \mathrm{A}$

したがって，送電線での電力損失P_2は，

$P_2=RI_2^2=2.0\ \Omega\times(5.00\times10^{-2}\ \mathrm{A})^2$

$=50\times10^{-4}\ \mathrm{W}$

$=5.0\times10^{-3}\ \mathrm{W}$ **答** 5.0×10^{-3} W

4 交流の電気を送電線によって家庭に届ける。40 Wの電力を送電線で送ることを考え，送電線の抵抗は2.0 Ωであるとする。次の問いに答えよ。なお，(　　)内には数値を，〔　　〕内には単位を入れよ。

(1) 電圧は100 Vであった。送電線を流れる電流の大きさを求めよ。

電力は$P=IV$で与えられる。

よって，送電線を流れる電流の大きさI_1は，

$I_1=\dfrac{P}{V_1}=\dfrac{(\text{ア } 40)〔\text{イ W}〕}{(\text{ウ } 100)〔\text{エ V}〕}=0.40\ \mathrm{A}$

(2) 送電における電力損失を求めよ。

送電線の抵抗は2.0 Ω，送電線を流れる電流は0.40 Aである。したがって，送電線での電力損失P_1は，

$P_1=RI_1^2$

$=($オ 2.0 $)$〔カ Ω〕$\times(($キ 0.40 $)$〔ク A〕$)^2$

$=0.32\ \mathrm{W}$

(3) 電圧を200 Vにする場合，送電における電力損失を求めよ。

200 Vの場合，送電線を流れる電流は，

$I_2=\dfrac{P}{V_2}=\dfrac{(\text{ケ } 40)〔\text{コ W}〕}{(\text{サ } 200)〔\text{シ V}〕}=0.20\ \mathrm{A}$

したがって，送電線での電力損失P_2は，

$P_2=RI_2^2$

$=($ス 2.0 $)$〔セ Ω〕$\times(($ソ 0.20 $)$〔タ A〕$)^2$

$=8.0\times10^{-2}\ \mathrm{W}$

5 交流の電気を送電線によって家庭に届ける。200 Wの電力を送電線で送ることを考え，送電線の抵抗は5.0 Ωであるとする。次の問いに答えよ。

(1) 電圧は500 Vであった。送電線を流れる電流の大きさを求めよ。

電力は$P=IV$で与えられる。

よって，送電線を流れる電流の大きさI_1は，

$I_1=\dfrac{P}{V_1}=\dfrac{200\ \mathrm{W}}{500\ \mathrm{V}}=0.400\ \mathrm{A}$

0.400 A

(2) 送電における電力損失を求めよ。

送電線の抵抗は5.0 Ω，送電線を流れる電流は0.400 Aである。したがって，送電線での電力損失P_1は，

$P_1=RI_1^2=5.0\ \Omega\times(0.400\ \mathrm{A})^2$

$=0.80\ \mathrm{W}$

0.80 W

(3) 電圧を1000 Vにする場合，送電における電力損失を求めよ。

1000 Vの場合，送電線を流れる電流I_2は，

$I_2=\dfrac{P}{V_2}=\dfrac{200\ \mathrm{W}}{1000\ \mathrm{V}}=0.200\ \mathrm{A}$

したがって，送電線での電力損失P_2は，

$P_2=RI_2^2=5.0\ \Omega\times(0.200\ \mathrm{A})^2$

$=0.20\ \mathrm{W}$

0.20 W

コイルを貫く磁力線が変化することで，コイルに誘導電流が流れる。

☑ P〔W〕：電力，電力損失　I〔A〕：電流　V〔V〕：電圧　R〔Ω〕：抵抗

13 交流と変圧

※以下の問題では，$\sqrt{2}=1.41$ として計算する。

例題 1 交流の発生

図のように，磁場中でコイルを回転させることにより，電圧を生じさせる。生じた電圧の時間変化は下のグラフのようになった。次の問いに答えよ。

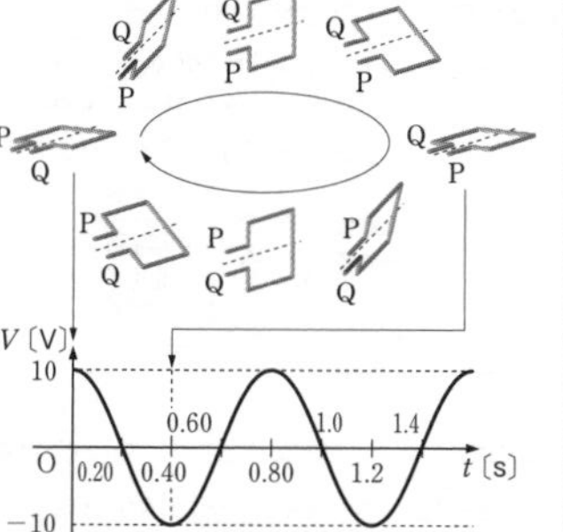

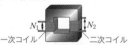

(1) 交流電圧の周期を求めよ。
(2) コイルが1回転する時間を求めよ。
(3) この交流電圧の実効値を求めよ。

解法 (1) 1回振動するのにかかる時間が周期 T〔s〕である。グラフより，交流の周期は 0.80 s である。

答 **0.80 s**

(2) コイルが1回転する時間は，交流の周期と等しい。したがって，グラフより 0.80 s である。

答 **0.80 s**

(3) 最大値 V_0 が 10 V であることより，実効値 V_e は，

$$V_e=\frac{V_0}{\sqrt{2}}=\frac{\sqrt{2}}{2}V_0=\frac{1.41}{2}\times 10\text{ V}$$
$$=7.05\text{ V}\fallingdotseq 7.1\text{ V}$$

答 **7.1 V**

1 例題1の図のように，磁場中でコイルを回転させることにより，電圧を生じさせる。生じた電圧の時間変化は下のグラフのようになった。次の問いに答えよ。なお，（　）内には数値を，〔　〕内には単位を入れよ。

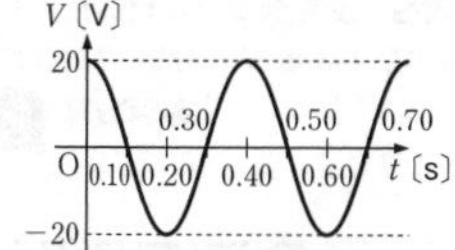

(1) 交流電圧の周期を求めよ。
グラフより，交流の周期は（ア 0.40 ）〔イ s 〕である。

(2) コイルが1回転する時間を求めよ。
コイルが1回転する時間は，交流の周期と等しい。したがって，グラフより（ウ 0.40 ）〔エ s 〕である。

(3) この交流電圧の実効値を求めよ。
最大値 V_0 が（オ 20 ）〔カ V 〕であることより，実効値 V_e は，

$$V_e=\frac{V_0}{(\text{キ } \sqrt{2}\ )}$$
$$=\frac{(\text{ク } 1.41\ )}{2}\times(\text{ケ } 20\ )〔\text{コ } V\ 〕$$
$$=14.1\text{ V}\fallingdotseq 14\text{ V}$$

2 例題1の図のように，磁場中でコイルを回転させることにより，電圧を生じさせる。生じた電圧の時間変化は下のグラフのようになった。次の問いに答えよ。

V〔V〕 50, O, −50, 0.30, 0.60, 0.90, 1.2, 1.5, 1.8, t〔s〕

(1) 交流電圧の周期を求めよ。
グラフより，交流の周期は 1.2 s である。

1.2 s

(2) コイルが1回転する時間を求めよ。
コイルが1回転する時間は，交流の周期と等しい。したがって，グラフより 1.2 s である。

1.2 s

(3) この交流電圧の実効値を求めよ。
最大値 V_0 が 50 V であることより，実効値 V_e は，

$$V_e=\frac{V_0}{\sqrt{2}}=\frac{1.41}{2}\times 50\text{ V}$$
$$=35.25\text{ V}\fallingdotseq 35\text{ V}$$

35 V

交流の実効値は最大値の $\frac{1}{\sqrt{2}}$ 倍である。

例題 2 交流の実効値

実効値について，次の問いに答えよ。
(1) 最大値が 50 V の交流と 50 V の直流がある。同じ性能の電球をこの交流に取り付けた場合と，直流に取り付けた場合ではどちらが明るいか。
(2) 50 V の直流と同じ明るさにするには，交流の最大値を何 V にすればよいか。

解法 (1) 同じ明るさになるのは交流の実効値が直流の値と同じ場合である。交流の実効値は 50 V よりも小さい。したがって，明るいのは直流の方である。

答 **直流**

(2) 実効値を 50 V にするためには，最大値を V_0 とすると，

$$50\text{ V}=\frac{V_0}{\sqrt{2}}$$

よって，最大値 V_0 は，

$$V_0=\sqrt{2}\times 50\text{ V}=1.41\times 50\text{ V}$$
$$=70.5\text{ V}\fallingdotseq 71\text{ V}$$

答 **71 V**

3 実効値について，次の問いに答えよ。なお，（　）内には数値または語句を，〔　〕内には単位を入れよ。

(1) 最大値が 100 V の交流と 100 V の直流がある。同じ性能の電球をこの交流に取り付けた場合と，直流に取り付けた場合ではどちらが明るいか。
同じ明るさになるのは交流の実効値が直流の値と同じ場合である。交流の実効値は（ア 100 ）〔イ V 〕よりも小さい。したがって，明るいのは（ウ 直流 ）の方である。

(2) 100 V の直流と同じ明るさにするには，交流の最大値を何 V にすればよいか。
実効値を 100 V にするためには，最大値を V_0 とすると，

$$(\text{エ } 100\ )〔\text{オ } V\ 〕=\frac{V_0}{\sqrt{2}}$$

よって，最大値 V_0 は，

$$V_0=(\text{カ } \sqrt{2}\ )\times(\text{キ } 100\ )〔\text{ク } V\ 〕$$
$$=141\text{ V}$$

例題 3 変圧器

一次コイルの巻き数が 500 回，二次コイルの巻き数が 1000 回の変圧器がある。一次コイルに 100 V の交流電源をつなぐ。次の問いに答えよ。

N_1　N_2
一次コイル　二次コイル

(1) 二次コイルに生じる電圧を求めよ。
(2) 二次コイルに 100 Ω の抵抗を接続したときに流れる電流の大きさを求めよ。

解法 (1) 一次コイルと二次コイルの交流電圧の比 $V_1:V_2$ は巻き数の比 $N_1:N_2$ に等しくなる。したがって，$V_1:V_2=N_1:N_2$ より，

$100\text{ V}:V_2=500:1000$
$500\times V_2=1000\times 100\text{ V}$

よって，$V_2=200\text{ V}$

答 **200 V**

(2) オームの法則より，

$$I=\frac{V}{R}=\frac{200\text{ V}}{100\ \Omega}=2.00\text{ A}$$

答 **2.00 A**

4 一次コイルの巻き数が 400 回，二次コイルの巻き数が 300 回の変圧器がある。一次コイルに 80 V の交流電源をつなぐ。次の問いに答えよ。なお，（　）内には数値を，〔　〕内には単位を入れよ。

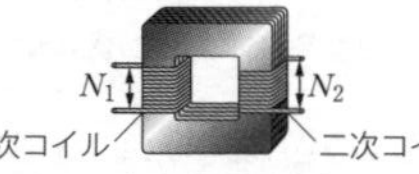

(1) 二次コイルに生じる電圧を求めよ。
一次コイルと二次コイルの交流電圧の比 $V_1:V_2$ は巻き数の比 $N_1:N_2$ に等しくなる。したがって，$V_1:V_2=N_1:N_2$ より，

（ア 80 ）〔イ V 〕: V_2
=（ウ 400 ）:（エ 300 ）
（オ 400 ）× V_2 =（カ 300 ）× 80 V

よって，$V_2=60\text{ V}$

(2) 二次コイルに 50 Ω の抵抗を接続したときに流れる電流の大きさを求めよ。
オームの法則より，

$$I=\frac{V}{R}=\frac{(\text{キ } 60\ )〔\text{ク } V\ 〕}{(\text{ケ } 50\ )〔\text{コ } \Omega\ 〕}$$
$$=1.2\text{ A}$$

☑ V_e〔V〕：実効値　V_0〔V〕：最大値

変圧器は，電圧の大きさをコイルの巻き数の比に応じて変化させることができる。

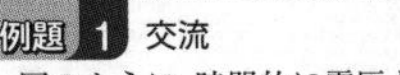

14 交流の利用と電磁波の利用

※以下の問題では，$\sqrt{2}=1.41$ として計算する。

例題 1 交流

図のように，時間的に電圧が変化している。次の問いに答えよ。

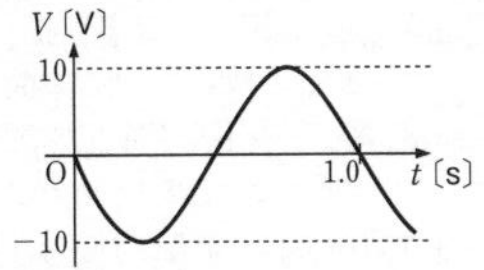

(1) 交流電圧の周期を求めよ。
(2) この周波数を求めよ。
(3) 交流電圧の振幅を求めよ。

解法 (1) 1 回振動するのにかかる時間を周期といい，図より 1.0 s である。 **答 1.0 s**

(2) 周波数 f は 1 秒間の振動回数である。これは周期 T の逆数であることより，

$f=\frac{1}{T}=\frac{1}{1.0\ \mathrm{s}}=1.0\ \mathrm{Hz}$ **答 1.0 Hz**

(3) 振幅は山の高さ，または谷の深さであることより，振幅は 10 V である。 **答 10 V**

1 図のように，時間的に電圧が変化している。次の問いに答えよ。なお，(　　)内には数値を，〔　　〕内には単位を入れよ。

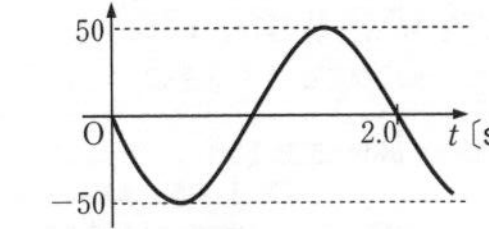

(1) 交流電圧の周期を求めよ。

1 回振動する時間を周期といい，図より (ア 2.0)〔イ s 〕である。

(2) この周波数を求めよ。

周波数 f は 1 秒間の振動回数である。これは周期 T の逆数であることより，

$f=\frac{1}{T}=\frac{1}{(ウ\ 2.0\ )〔エ\ \mathrm{s}\ 〕}$

$=0.50\ \mathrm{Hz}$

(3) 交流電圧の振幅を求めよ。

振幅は山の高さ，または谷の深さであることより，振幅は (オ 50)〔カ V 〕である。

2 図のように，時間的に電圧が変化している。次の問いに答えよ。

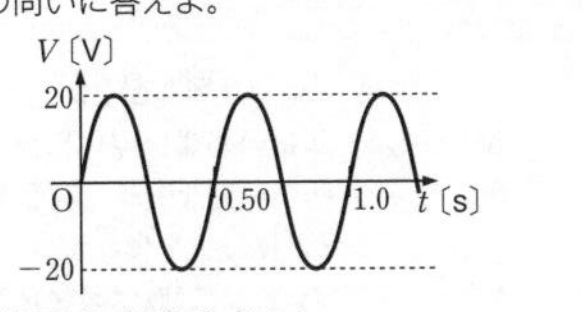

(1) 交流電圧の周期を求めよ。

1 回振動する時間を周期といい，図より 0.50 s である。　　0.50 s

(2) この周波数を求めよ。

周波数 f は 1 秒間の振動回数である。これは周期 T の逆数であることより，

$f=\frac{1}{T}=\frac{1}{0.50\ \mathrm{s}}=2.0\ \mathrm{Hz}$　　2.0 Hz

(3) 交流電圧の振幅を求めよ。

振幅は山の高さ，または谷の深さであることより，振幅は 20 V である。　　20 V

例題 2 家庭での交流の利用

家庭用コンセント(西日本)の電源電圧は実効値 100 V，周波数は交流 60 Hz である。次の問いに答えよ。

(1) 交流 60 Hz の周期を求めよ。
(2) 交流電圧の最大値を求めよ。

解法 (1) 周期 T は周波数 f の逆数であることより，

$T=\frac{1}{f}=\frac{1}{60\ \mathrm{Hz}}=0.0166\cdots\fallingdotseq 0.017\ \mathrm{s}$

$=1.7\times10^{-2}\ \mathrm{s}$ **答 1.7×10^{-2} s**

(2) 実効値 V_e と最大値 V_0 の関係は，

$\frac{V_0}{\sqrt{2}}=V_e$

式を変形して，

$V_0=\sqrt{2}\,V_e=1.41\times100\ \mathrm{V}$

$=141\ \mathrm{V}$ **答 141 V**

3 家庭用コンセント(東日本)の電源電圧は実効値 100 V，周波数は交流 50 Hz である。次の問いに答えよ。なお，(　　)内には数値を，〔　　〕内には単位を入れよ。

(1) 交流 50 Hz の周期を求めよ。

周期 T は周波数 f の逆数であることより，

$T=\frac{1}{f}=\frac{1}{(ア\ 50\ )〔イ\ \mathrm{Hz}\ 〕}=0.020\ \mathrm{s}$

$=2.0\times10^{-2}\ \mathrm{s}$

(2) 交流電圧の最大値を求めよ。

実効値 V_e と最大値 V_0 の関係は，

$\frac{V_0}{(ウ\ \sqrt{2}\ )}=V_e$

式を変形して，

$V_0=(エ\ \sqrt{2}\ )V_e$

$=(オ\ 1.41\ )\times(カ\ 100\ )〔キ\ \mathrm{V}\ 〕$

$=141\ \mathrm{V}$

4 家庭用コンセント(西日本)の電源電圧は最大値 141 V である。実効値を求めよ。

実効値 V_e と最大値 V_0 の関係は，

$\frac{V_0}{\sqrt{2}}=V_e$

したがって，

$V_e=\frac{V_0}{\sqrt{2}}=\frac{141\ \mathrm{V}}{1.41}=100\ \mathrm{V}$

100 V

例題 3 電磁波

電磁波について，次の問いに答えよ。ただし，電磁波の速さは 3.0×10^8 m/s とする。

(1) 波長が 600 nm($=6.0\times10^{-7}$ m)である光の周波数を求めよ。
(2) 周波数 1.5 GHz($=1.5\times10^9$ Hz)の電波の波長を求めよ。
(3) 可視光線の中で，黄，紫，赤を波長の短い順に答えよ。

解法 (1) 電磁波の速さを c〔m/s〕，周波数 f〔Hz〕，波長 λ〔m〕とすると，$c=f\lambda$ より，

$f=\frac{c}{\lambda}=\frac{3.0\times10^8\ \mathrm{m/s}}{6.0\times10^{-7}\ \mathrm{m}}$

$=5.0\times10^{14}\ \mathrm{Hz}$ **答 5.0×10^{14} Hz**

(2) 電磁波の速さを c〔m/s〕，周波数 f〔Hz〕，波長 λ〔m〕とすると，$c=f\lambda$ より，

$\lambda=\frac{c}{f}=\frac{3.0\times10^8\ \mathrm{m/s}}{1.5\times10^9\ \mathrm{Hz}}$

$=0.20\ \mathrm{m}$ **答 0.20 m**

(3) 可視光線を波長の短い順に並べていくと，紫，藍，青，緑，黄，橙，赤である。したがって，紫，黄，赤の順である。 **答 紫，黄，赤**

5 電磁波について，次の問いに答えよ。ただし，電磁波の速さは 3.0×10^8 m/s とする。なお，(　　)内には数値または語句を，〔　　〕内には単位を入れよ。

(1) 波長が 400 nm($=4.0\times10^{-7}$ m)である光の周波数を求めよ。

電磁波の速さを c〔m/s〕，周波数 f〔Hz〕，波長 λ〔m〕とすると，$c=f\lambda$ より，

$f=\frac{c}{\lambda}=\frac{(ア\ 3.0\times10^8\ )〔イ\ \mathrm{m/s}\ 〕}{(ウ\ 4.0\times10^{-7}\ )〔エ\ \mathrm{m}\ 〕}$

$=0.75\times10^{15}\ \mathrm{Hz}=7.5\times10^{14}\ \mathrm{Hz}$

(2) 周波数 6.0 GHz($=6.0\times10^9$ Hz)の電磁波の波長を求めよ。

電磁波の速さを c〔m/s〕，周波数 f〔Hz〕，波長 λ〔m〕とすると，$c=f\lambda$ より，

$\lambda=\frac{c}{f}=\frac{(オ\ 3.0\times10^8\ )〔カ\ \mathrm{m/s}\ 〕}{(キ\ 6.0\times10^9\ )〔ク\ \mathrm{Hz}\ 〕}$

$=5.0\times10^{-2}\ \mathrm{m}$

(3) 可視光線の中で，青，紫，橙を波長の短い順に答えよ。

可視光線を波長の短い順に並べていくと，紫，藍，青，緑，黄，橙，赤である。したがって，(ケ 紫)，(コ 青)，(サ 橙)の順である。

6 電磁波について，次の問いに答えよ。

(1) 波長が 5.0×10^{-10} m，周波数が 6.0×10^{17} Hz である X 線の伝わる速さを求めよ。

$c=f\lambda$ より，

$c=f\lambda=6.0\times10^{17}\ \mathrm{Hz}\times5.0\times10^{-10}\ \mathrm{m}$

$=3.0\times10^8\ \mathrm{m/s}$

3.0×10^8 m/s

(2) 波長が 3.0×10^{-3} m，速さが 3.0×10^8 m/s の電磁波の周波数を求めよ。

$c=f\lambda$ より，

$f=\frac{c}{\lambda}=\frac{3.0\times10^8\ \mathrm{m/s}}{3.0\times10^{-3}\ \mathrm{m}}=1.0\times10^{11}\ \mathrm{Hz}$

1.0×10^{11} Hz

 ☑ T〔s〕：周期　f〔Hz〕：振動数　V_e〔V〕：実効値　V_0〔V〕：最大値

真空中を伝わる電磁波の速さは，その種類によらず一定 (3.0×10^8 m/s) である。

15 原子核エネルギーと放射線，エネルギー資源

例題 1 原子番号と質量数

次の問いに答えよ。

(1) $^{4}_{2}He$の陽子の数と中性子の数を求めよ。

(2) $^{14}_{6}C$の陽子の数と中性子の数を求めよ。

解法 (1) 原子番号2は陽子の数である。質量数4は陽子と中性子の数の和である。4−2=2より，中性子の数は2個である。

質量数 → $^{4}_{2}He$ ← 元素記号；原子番号

答 陽子：2個　中性子：2個

(2) 原子番号6は陽子の数である。質量数14は陽子と中性子の数の和である。14−6=8より，中性子の数は8個である。

答 陽子：6個　中性子：8個

1 次の問いに答えよ。なお，(　　)内には数値を，「　　」内には語句を入れよ。

(1) $^{238}_{92}U$の陽子の数と中性子の数を求めよ。

原子番号(ア 92)は「イ 陽子 」の数である。質量数(ウ 238)は「エ 陽子 」と「オ 中性子 」の数の和である。 ※エとオは順不同

(カ 238)−(キ 92)=(ク 146)より，「ケ 中性子 」の数は146個である。

(2) $^{226}_{88}Ra$の陽子の数と中性子の数を求めよ。

原子番号(コ 88)は「サ 陽子 」の数である。質量数(シ 226)は「ス 陽子 」と「セ 中性子 」の数の和である。 ※スとセは順不同

(ソ 226)−(タ 88)=(チ 138)より，「ツ 中性子 」の数は138個である。

2 次の問いに答えよ。

(1) $^{92}_{36}Kr$の陽子の数と中性子の数を求めよ。

原子番号36は陽子の数である。
質量数92は陽子と中性子の数の和である。
92−36=56より，中性子の数は56個である。

陽子： 36個　中性子： 56個

(2) $^{94}_{38}Sr$の陽子の数と中性子の数を求めよ。

原子番号38は陽子の数である。
質量数94は陽子と中性子の数の和である。
94−38=56より，中性子の数は56個である。

陽子： 38個　中性子： 56個

(3) $^{140}_{54}Xe$の陽子の数と中性子の数を求めよ。

原子番号54は陽子の数である。
質量数140は陽子と中性子の数の和である。
140−54=86より，中性子の数は86個である。

陽子： 54個　中性子： 86個

例題 2 放射線

α線，β線，γ線の3つの放射線の透過力(物体への透過の度あい)を調べたところ，表のようになった。

放射線	透過力
(ア)線	強い
(イ)線	弱い
(ウ)線	普通

(1) (ア)は何か。
(2) (イ)は何か。
(3) (ウ)は何か。

解法 (1) 透過力が強いのはγ線である。 **答 γ**
(2) 透過力が弱いのはα線である。 **答 α**
(3) α線より透過力が強く，γ線より透過力が弱いのはβ線である。 **答 β**

3 α線，β線，γ線の3つの放射線の物体への透過の度あいを調べたところ，図のような結果が得られた。①〜③の放射線は何か。なお，(　　)内にはα，β，γを入れよ。

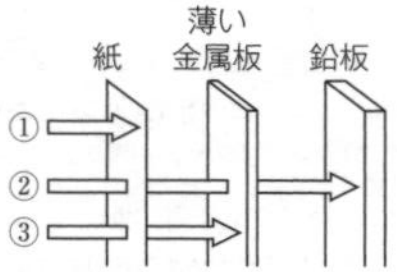

透過力の強い順に(ア γ)線，(イ β)線，(ウ α)線である。したがって，
①は透過力が一番弱いので，(エ α)線
②は透過力が一番強いので，(オ γ)線
③は(カ β)線である。

例題 3 エネルギーの変換①

エネルギーの変換に関して，次の場合の変換のようすを記述せよ。

(1) 電池に接続されて回転しているモーター
(2) ガソリンを燃焼させて走る自動車
(3) スピーカーから出る音

解法 (1) **答 電池の化学エネルギーを，電気エネルギー(電流)に変換する。その電気エネルギーをモーターが回転する運動エネルギーに変換する。**
(2) **答 ガソリンの化学エネルギーを，燃焼によって熱エネルギーに変換して，その熱エネルギーを運動エネルギーに変換する。**
(3) **答 電気エネルギーを，スピーカーが振動する運動エネルギーに変換して，その運動エネルギーを音のエネルギーに変換する。**

4 エネルギーの変換に関して，次の場合の変換のようすを記述せよ。なお，(　　)内には語句を入れよ。

(1) 蛍光灯

(ア 電気)エネルギー → 蛍光灯 → (イ 光)エネルギー

(2) 太陽電池

(ウ 光)エネルギー → 太陽電池 → 電気エネルギー

(3) 蒸気機関

(エ 熱)エネルギー → 蒸気機関 → (オ 運動)エネルギー

(4) 筋肉の運動

(カ 化学)エネルギー → 筋肉 → 運動エネルギー

(5) 植物の光合成

(キ 光)エネルギー → 植物(葉緑体) → (ク 化学)エネルギー

例題 4 エネルギーの変換②

エネルギーの変換に関して，次の問いに答えよ。

(1) 水力発電は，ダムなどの高いところにある水を落下させる際に，発電機を構成しているタービンを回すことで発電することができる。高いところにある水のもっているエネルギーの名称を答えよ。

(2) 火力発電は，石油を燃焼させて水を沸騰させ，生じる水蒸気でタービンを回して発電する。石油のもっているエネルギーの名称を答えよ。

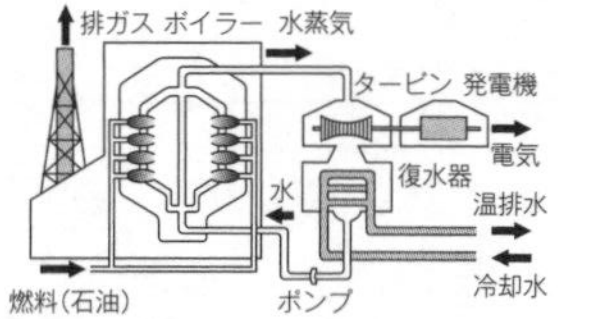

解法 (1) 水は重力による位置エネルギーをもっており，落下の際に運動エネルギーに変換され，タービンを回す。

答 位置エネルギー

(2) 石油は化学エネルギーをもっており，燃焼によって熱に変換される。

答 化学エネルギー

5 エネルギーの変換に関して，次の問いに答えよ。なお，(　　)内には語句を入れよ。

(1) 原子力発電は，ウランの核分裂を連鎖反応させた際に生じるエネルギーを用いて発電する。ウランのもっているエネルギーの名称を答えよ。

ウランは(ア 原子核)エネルギーをもっており，核分裂によってエネルギーを放出する。

(2) 風力発電は，風のもつエネルギーを風車が受け取って，風車に接続された発電機で発電する。風のもっているエネルギーの名称を答えよ。

風の(イ 運動)エネルギーを風車が受け取って，風車に接続された発電機で(ウ 電気)エネルギーに変換される。